翻译指导 黄　荭
责任编辑 卜艳冰　张玉贞
装帧设计 汪佳诗

鸟的王国

欧洲雕版艺术中的鸟类图谱

— 4 —

〔法〕布封 著　〔法〕弗郎索瓦-尼古拉·马蒂内 等 绘
吴雪菲 吴佳敏 译

人民文学出版社
PEOPLE'S LITERATURE PUBLISHING HOUSE

图书在版编目（CIP）数据

鸟的王国：欧洲雕版艺术中的鸟类图谱. 4 / (法)
布封著；(法) 弗郎索瓦-尼古拉·马蒂内等绘；吴雪菲,
吴佳敏译. -- 北京：人民文学出版社, 2022
（99博物艺术志）
ISBN 978-7-02-017310-5

Ⅰ. ①鸟… Ⅱ. ①布… ②弗… ③吴… ④吴… Ⅲ.
①鸟类~图谱 Ⅳ. ①Q959.7-64

中国版本图书馆CIP数据核字(2022)第122905号

责任编辑　卜艳冰　　张玉贞
装帧设计　汪佳诗

出版发行　人民文学出版社
社　　址　北京市朝内大街166号
邮政编码　100705

印　　制　凸版艺彩（东莞）印刷有限公司
经　　销　全国新华书店等

字　　数　270千字
开　　本　889毫米×1194毫米　1/16
印　　张　17.5
版　　次　2017年1月北京第1版
　　　　　2022年9月北京第2版
印　　次　2022年9月第1次印刷

书　　号　978-7-02-017310-5
定　　价　198.00元

如有印装质量问题，请与本社图书销售中心调换。电话：010-65233595

出版前言

布封（Georges Louis Leclere de Buffon，1707—1788），18 世纪时期法国最著名的博物学家、作家。1707 年生于勃艮第省的蒙巴尔城，贵族家庭出身，父亲曾为州议会法官。他原名乔治·路易·勒克莱克，因继承关系，改姓德·布封。布封在少年时期就爱好自然科学，特别是数学。1728 年大学法律本科毕业后，又学了两年医学。1730 年，他结识一位年轻的英国公爵，一起游历了法国南方、瑞士和意大利。在这位英国公爵的家庭教师、德国学者辛克曼的影响下，刻苦研究博物学。26 岁时，布封进入法国科学院任助理研究员，曾发表过有关森林学的报告，还翻译了英国学者的植物学论著和牛顿的《微积分术》。1739 年，布封被任命为皇家花园总管，直到逝世。布封任总管后，除了扩建皇家花园外，还建立了“法国御花园及博物研究室通讯员”的组织，吸引了国内外许多著名专家、学者和旅行家，收集了大量的动、植、矿物样品和标本。布封利用这种优越的条件，毕生从事博物学的研究，每天埋头著述，四十年如一日，终于写出 36 卷的巨著《自然史》。1777 年，法国政府在御花园里给他建立了一座铜像，座上用拉丁文写着：“献给和大自然一样伟大的天才”。这是布封生前获得的最高荣誉。

《自然史》这部自然博物志巨著，包含了《地球形成史》《动物史》《人类史》《鸟类史》《爬虫类史》《自然的分期》等几大部分，对自然界作了详细而科学的描述，并因其文笔优美而闻名于世，至今影响深远。他带着亲切的感情，用形象的语言替动物们画像，还把它们拟人化，赋予它们人类的性格，大自然在他的笔下变得形神兼备、趣味横生。

正是在布封的主导和推动下，在其合作者 E.L. · 多邦东和 M. · 多邦东的协助下，邀请同时代法国著名法人设计工程师、雕刻师和博物学家弗郎索瓦－尼古拉 · 马蒂内手工雕刻插图，最初这些插图雕刻在 42 块手工调色木板上，每块木板上雕刻 24 幅图，没有任何文字解释。在这 1008 幅图中，其中 973 幅是鸟类，35 幅是其他动物（包括 28 种昆虫、3 种两栖和爬行类动物和 4 种珊瑚）。自 1765 年到 1783 年间，巴黎出版商庞库克公司（Panckoucke）将这 1008 幅图以 *Planches enluminées d'histoire naturelle(1765)* 为书名，分 10 卷陆续出版，距今已经过去两百五十多年。

在中文世界，上海九久读书人以“鸟的王国：欧洲雕版艺术中的鸟类图谱”为题，将这 1008 幅图整理并结集出版。除了精心修复图片，保持其古典和华丽特色的同时，编者还邀请译者精准翻译鸟类名称，并增加相关的知识性条目介绍，力图将这套鸟类图鉴丛书打造成融艺术欣赏性与知识性于一体，深具收藏价值的博物艺术类图书，以飨中文世界的读者。

几内亚绿冠蕉鹃（*Le Touraco, de Guinée*）

几内亚绿冠蕉鹃，为蕉鹃科的一种。体型中等，体长 40~75 厘米，具长尾，双翅短而圆。颜色靓丽，拥有两种鲜艳的羽色素：绿色素与红色素（均为铜的化合物）。食物以果实为主，也吃某些无脊椎动物，比如昆虫（特别是在繁殖季节）。绿冠蕉鹃为树栖性鸟类，不善飞行，但在树冠上奔跑迅速。它们分布在非洲中南部地区。

柏柏尔海岸须拟鴷（*Le Barbican, des côtes de Barbarie*）

须拟鴷，鴷形目、非洲拟啄木鸟科。体长约二十六厘米。颈较短，头扁平，喉部、上腹部羽毛为红色，胸部有一黑色羽带隔开上腹部和下腹部，从头顶一直到尾羽为黑棕色，黄色眼罩。食水果，幼鸟也吃昆虫，喜居于有无花果树的树木繁茂地区。树栖型，4~5只鸟一起或成对生活在树洞里。它们主要生活在西非热带雨林地区。

菲律宾白胁卷尾（*Choucas, des Philippines*）

白胁卷尾，卷尾科、卷尾属，是中型鸣禽。嘴强健，嘴基部稍平扁，上嘴先端微具钩；体羽呈常黑色且具金属光泽；尾稍长且呈深叉状，有 10 枚尾羽，中央 1 对尾羽最短，向外侧依次增长，通常最外侧 1 对尾羽最长，其末端稍向上方卷曲，因而得名“卷尾”。栖息于树上，善捕空中飞虫。白胁卷尾是菲律宾的特有物种，栖息于热带或亚热带潮湿的低地森林中。

中国黑脸噪鹛（*Merle, de la Chine*）

黑脸噪鹛，雀形目、画眉科、噪鹛属。体长 27~32 厘米。头顶至后颈呈褐灰色，额、眼先、眼周、颊、耳羽呈黑色，形成一条围绕额部至头侧的宽阔黑带，犹如佩戴了一副黑色眼镜，极为醒目。背部呈暗灰褐色，至尾上覆羽转为土褐色，胸、腹呈棕白色，尾下覆羽呈棕黄色。主食昆虫和果实，栖息于平原、低山丘陵地带的灌丛与竹丛中，也出入于庭院、人工松柏林、农田边缘和村寨附近的疏林、灌丛内。分布在越南北部和中国多地。

卡宴直嘴鸊雀（*Le Talapiot, de Cayenne*）

直嘴鸊雀，为中小型鸟类。体羽呈棕褐色且具斑纹，喙长而下弯似戴胜。它们在天然树洞或啄木鸟等的洞内筑巢，为树栖性食虫鸟类。在树皮的裂隙、苔藓、地衣和附生植物中觅食，主要食昆虫、蜘蛛，也吃植物的果实、种子。通常在草地、树木、树干上的树枝和地面活动，单独或成对出现，也经常与其它物种混群。分布在玻利维亚、巴西、哥伦比亚、厄瓜多尔、法属圭亚那、圭亚那、巴拿马、秘鲁、苏里南、特里尼达、多巴哥和委内瑞拉。

1. 卡罗来纳州褐头牛鹂（*Troupiale, de la Caroline*）

褐头牛鹂，牛鹂属下的一种小型鸟类。成年雄鸟背部羽毛有闪亮的黑色光泽，头部为褐色，因此得名。成年雌鸟则比雄鸟更小，羽毛也没那么鲜艳，通体呈黯淡的灰色，只有喉部是白色的，其腹部有明显的条纹。褐头牛鹂体长 16~22 厘米，翼展平均约为三十六厘米。它们一般出现在开阔或半开阔的乡村地区，通常集群飞翔。以虫子和植物的果实为食。主要分布在北美洲的温带和亚热带地区。

2. 南非织雀（*Troupiale olive, de Cayenne*）

南非织雀，雀形目、织布鸟科。体长约十七厘米。体羽上部呈橄榄褐色，成年雄鸟腹部呈黄色，脸部呈橘红色。成年雌鸟头部和胸部体羽为黄色，下腹部淡黄色，眼睛褐色。它们以种子、谷物和昆虫为食。它们喜欢栖息于草地、田野和溪流边，成群结伴于树丛或芦苇丛中。分布在非洲中南部地区，包括阿拉伯半岛的南部、撒哈拉沙漠以南的整个非洲大陆。

2.
1.
Martinet

1. 卡宴圃拟鹂，雄性（*Carouge, de Cayenne*）

圃拟鹂，雀形目、拟鹂科。体长约六点三厘米，体重约二十克。成年雄鸟体羽上部呈蓝黑色，下部呈栗色，成年雌鸟和幼鸟体羽上部呈橄榄绿色，胸部和腹部呈淡黄色。它们是杂食性鸟类，吃水果、种子、昆虫和蜘蛛等。喜欢栖息于有阔叶树的半开放区域。分布在北美地区和中美洲。

2. 卡宴圃拟鹂，雌性（*Carouge du Cap de bonne Espérance*）

圃拟鹂雌鸟体长 16~18 厘米。成年雌鸟和幼鸟体羽上部呈橄榄绿色，胸部和腹部呈淡黄色，尾羽和翅羽细长，呈褐色。生活习性同雄鸟。

1.
2.
Martinet

西伯利亚北噪鸦（*Geai, de Siberie*）

北噪鸦，鸦科、噪鸦属。体长 30~31 厘米，体重 90~150 克。体羽松软，呈灰色和棕色，后枕具短冠羽，头呈深褐色，前额羽簇皮黄。杂食性动物，吃各种植物，包括浆果和蘑菇，但主要食西伯利亚松树的种子，也吃昆虫，如甲虫、蛾类，小型无脊椎动物。常单独、成对或成小群活动。该物种栖息于有云杉、松树和落叶松的森林，或有大树冠的森林边缘。分布在斯堪的那维亚半岛、古北界北部，以及中国东北和西北地区。

卡宴裸颈果伞鸟（*Le Corbeau, de Cayenne*）

裸颈果伞鸟，鸟科、裸颈果伞鸟属。除翅膀呈蓝紫色外，通体为黑色。雌鸟与雄鸟外表相似，但雄鸟的双颊羽毛呈显眼的灰蓝色，翼羽呈灰白色。该鸟主要分布在南美洲，包括哥伦比亚、委内瑞拉、圭亚那、苏里南、厄瓜多尔、秘鲁、玻利维亚、巴拉圭、巴西、智利、阿根廷、乌拉圭，以及马尔维纳斯群岛。

蓝点颏亦称“蓝喉歌鸲”，通称蓝靛颏儿。身体大小和麻雀相似，体长12~13厘米，体重17~18克。栖息于灌丛或芦苇丛中。性情隐怯，常在地下作短距离奔驰、稍停，不时地扭动尾羽或将尾羽展开。主要以昆虫、蠕虫等为食，也吃植物种子等。分布在中国大部分地区，以及欧洲、非洲北部、俄罗斯、阿拉斯加西部、亚洲中部、伊朗、印度和亚洲东南部等地。

1. 蓝点颏，雄性（*Gorge~bleue mâle sans tâches blanches*）

蓝点颏雄鸟上体羽色呈土褐色，头顶羽色较深，有白色眉纹，颏部、喉部呈亮蓝色，中央有栗色块斑，胸部下面有黑色横纹色和淡栗色两道宽带，腹部呈白色，两胁和尾下覆羽呈棕白色，尾羽呈黑褐色，基部呈栗红色。

2. 蓝点颏，雌性（*Gorge~bleue femelle*）

雌鸟酷似雄鸟，但颏部、喉部为棕白色，喉部无栗色块斑，喉白而无橘黄色及蓝色，黑色的细颊纹与由黑色点斑组成的胸带相连。与雌性红喉歌鸲及黑胸歌鸲的区别在于，其尾部的斑纹不同。

3. 蓝点颏，幼鸟（*jeune~gorge bleue*）

幼鸟翅上覆羽有淡栗色块斑和淡色点斑，俗称“膀点”。

1.
2.
3.
Martinet

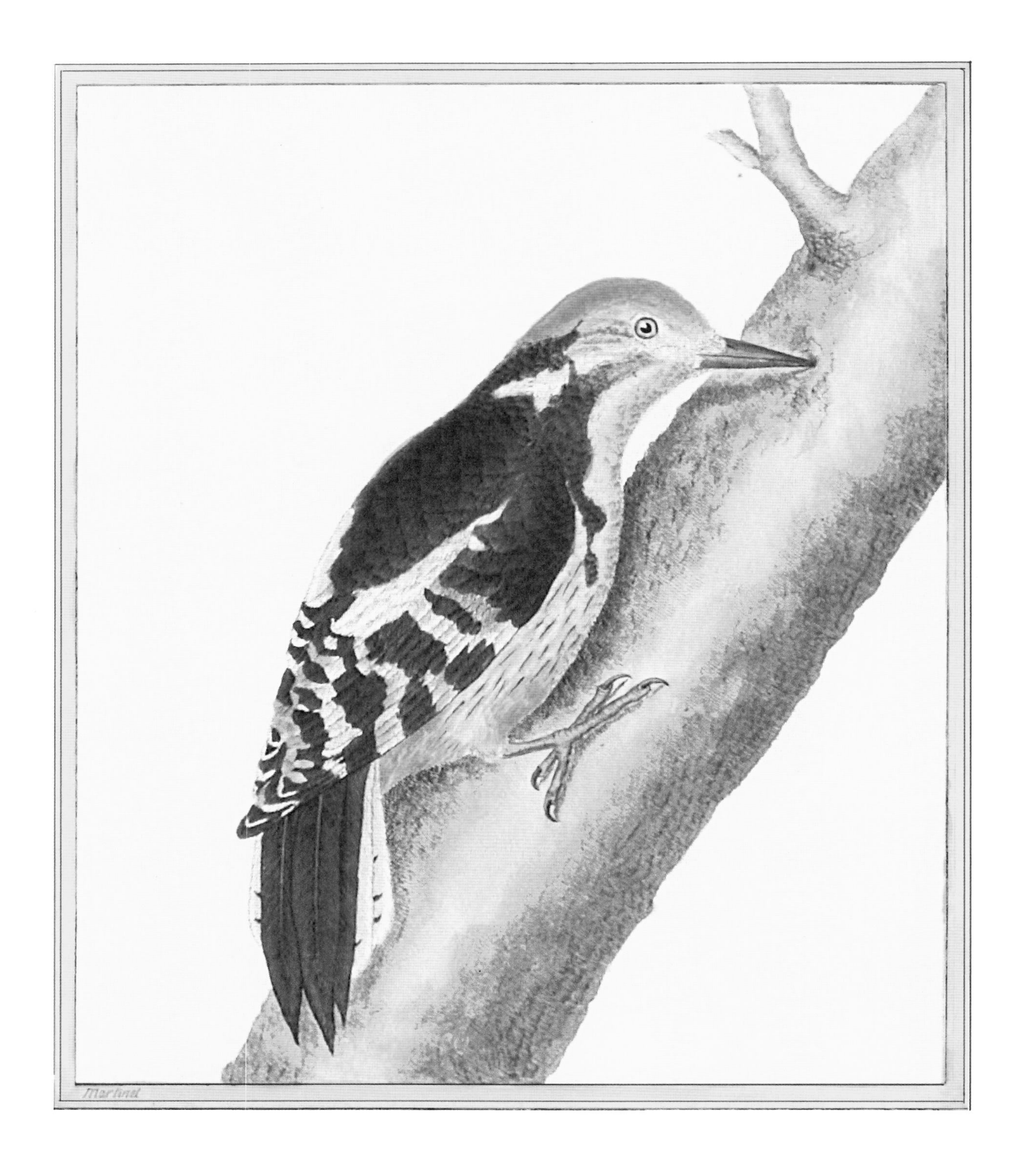

中斑啄木鸟 （*Pic varié à tête rouge*）

中斑啄木鸟，鴷形目、啄木鸟科。体长 20~22 厘米。体羽有三种明显的颜色，黑色的背部及尾巴，红色的头部及枕部，下腹部主要为灰白色；双翼呈黑色；有白色的第二翼羽。成年雄鸟和雌鸟的羽毛是完全一样的，雏鸟的毛色与成鸟相近，但夹杂了一些褐色。主要以空中或陆地上的昆虫作为食物，也吃树上的果实。中斑啄木鸟主要分布在欧亚大陆及非洲北部，包括整个欧洲、北回归线以北的非洲地区、阿拉伯半岛，以及喜马拉雅山－横断山脉－岷山－秦岭－淮河以北的亚洲地区。

卡宴红颈啄木鸟（*Grand pic hupé à tête rouge, de Cayenne*）

红颈啄木鸟为体型略大的绿色啄木鸟，体长约三十厘米。雌鸟头顶呈暗绿色，成年雄鸟头顶有冠状红帽，颈部羽毛为带有白色斑点的红色，腹部呈橘红色，翼羽和尾羽呈黑色。颈较长，嘴强硬而直，呈凿形，舌长且能伸缩。见于低山原始林及次生常绿林。分布在南美洲，包括哥伦比亚、委内瑞拉、圭亚那、苏里南、厄瓜多尔、秘鲁、玻利维亚、巴拉圭、巴西、智利、阿根廷、乌拉圭，以及马尔维纳斯群岛。

卡宴斑胸扑翅䴕（*Pic Rayé, de Cayenne*）

斑胸扑翅䴕，䴕形目、啄木鸟科。栖息于亚热带或热带潮湿的低地森林，亚热带或热带的红树林。分布在南美洲，包括哥伦比亚、委内瑞拉、圭亚那、苏里南、厄瓜多尔、秘鲁、玻利维亚、巴拉圭、巴西、智利、阿根廷、乌拉圭，以及马尔维纳斯群岛。

拉美啄木鸟（*Pic Rayé à tête noire, de St. Domingue*）

拉美啄木鸟，啄木鸟科、食果啄木鸟属。背部羽毛呈黄色和黑色条纹状分布，一条由黑色过渡为红色的斑纹从雄鸟的头顶延伸到颈部，除尾羽基部为亮红色外，其余部分为黑色，下腹部和臀部呈橄榄绿色。分布在中美洲，地处北美与南美之间，包括危地马拉、伯里兹、哥斯达黎加、巴拿马、巴哈马、古巴、海地、牙买加、多米尼加、安提瓜和巴布达、圣文森特和格林纳丁斯、圣卢西亚、巴巴多斯、格林纳达、特立尼达与多巴哥等国家和地区。

1. 林岩鹨（*Le Mouchet*）

林岩鹨，一种形似鸫的岩鹨，主要在山区繁殖，但在低海拔处越冬。林岩鹨是岩鹨中的低地广布种，在树篱和常绿的灌木丛中营巢。雌、雄同色，胸部、脸颊、眉纹均为深灰色，身体余部呈棕色，似家麻雀。分布在欧亚大陆及非洲北部，包括整个欧洲、北回归线以北的非洲地区、阿拉伯半岛，以及喜马拉雅山～横断山脉～岷山～秦岭～淮河以北的亚洲地区。

2. 夜莺（*Le Rofignol*）

夜莺，雀形目、歌鸲属。体长 16~17 厘米，体重 16~19 克。体色呈灰褐色，是观赏鸟的种类之一。夜莺的羽色并不绚丽，但其鸣唱非常出众，音域极广。与其他鸟类不同，夜莺是少有的在夜间鸣唱的鸟类，故得其名。夜莺是伊朗的两种国鸟之一。夜莺遍布欧洲，东抵阿富汗、南至地中海、小亚细亚、非洲西北部、东至非洲热带地区及中国新疆等地，多见于河谷、河漫滩稀疏的落叶林和混交林、灌木丛或园圃里，常隐匿在矮灌丛或树木的低枝间。

1.
2.
Martinet

卡宴灰背舞雀（*Le Grivert, de Cayenne*）

灰背舞雀，美洲雀科、舞雀属。体长平均约二十厘米，体重约五十二克。体羽上部主要为灰绿色，下部为灰白色，有细长的白色过眼纹，喉部两侧有对称的黑色条纹，尾巴呈楔形。栖息于开放的林地、平原和田野，主要分布在中美洲和南美洲的一些国家和地区。

中国灰背椋鸟（*Le Kink, de la Chine*）

灰背椋鸟，椋鸟科、椋鸟属。体长约十九厘米。雄鸟额和头顶呈污白色，体羽主要为灰色，双翼呈黑色，肩羽处有醒目白斑，尾巴呈黑色但末端为白色。雌鸟体色为偏暗的灰褐色，翼上白斑较小。它们多半在地面觅食，也到树上采食浆果，杂食性。主要栖息于低山、平原及丘陵的开阔地带，尤其喜好附近有树林的旱田环境，繁殖于中国南方及越南北部，冬季迁至东南亚、菲律宾及婆罗洲。

1. 文须雀，雄性（*Le Moustache*）

文须雀，小型鸟类，体长 15~18 厘米。雄鸟前额、头顶、头侧呈淡烟灰色或灰色，前额、头侧和耳羽通常较淡，呈灰白色或淡灰色。眼先和眼周黑色并向下与黑色髭纹连在一起，形成一簇髭状黑斑，在淡色的头部极为醒目。下体呈白色，腹皮呈黄白色，雄鸟尾下覆羽呈黑色。食物主要为昆虫、蜘蛛和芦苇种子与草子等。分布在欧亚大陆及非洲北部。

2. 文须雀，雌性（*sa femelle*）

雌鸟和雄鸟大致相似，但头为灰棕色，眼先为灰棕色，眼下和颧区亦无黑色髭状斑。其余均与雄鸟相似。

3. 攀雀（*le rémiz*）

攀雀，俗名洋红儿，攀雀科、攀雀属。体长约十一厘米。顶冠为灰色，自额先向后具有黑色过眼纹，背部为棕色，尾部为凹形。一般栖息于近水的苇丛和柳、桦、杨等阔叶树间。分布在欧亚大陆各地，包括西伯利亚、蒙古、朝鲜、日本、巴基斯坦、印度，包括中国大陆的黑龙江、吉林、辽宁、宁夏、新疆、华北、长江中下游以至云南等地。

1.
2.
3.
Martinet

印度三宝鸟（*Rollier des Indes*）

三宝鸟，佛法僧科、三宝鸟属。体长约二十八厘米，体重107~194克。头大而宽阔，头顶扁平，头至颈呈黑褐色，通体羽色多为蓝绿色。雌鸟羽色较雄鸟暗淡，成鸟的喉部具显著亮蓝色，幼鸟则缺少。喜食昆虫，觅食时常在空中旋转，通过不停地飞翔捕食，速度较快。三宝鸟主要栖息于针阔叶混交林和阔叶林林缘路边及河谷两岸高大的乔木树上。分布在西伯利亚东部，中国东北、华北、华中、东北亚，以及喜马拉雅等地。冬季南迁至华南、东南亚和印度等地避寒。

中国蓝绿鹊（*Le Rollier de la Chine*）

蓝绿鹊，雀形目、鸦科、绿鹊属。体长36~38厘米，头和颈呈草绿色，头顶有长的羽冠，喙和脚为红色，背部和尾部羽毛为蓝绿色。主要以昆虫为食，也吃小型脊椎动物。栖息于低山丘陵的亚热带常绿阔叶林内，也出现于落叶阔叶林、次生林、竹林、橡树林和开阔的林缘灌丛地带，有时也出现于农田地边树上。主要分布在喜马拉雅山脉、中国南部、东南亚、苏门答腊及婆罗洲等国家和地区。

卡宴斑鴷雀（*Le Picucule, de Cayenne*）

斑鴷雀，雀形目、鴷雀科，为中小型鸟类。其外形和生活方式很像啄木鸟，为适应生态而向其趋同。体羽呈红棕色且具斑纹，喙长而下弯似戴胜。在天然树洞或啄木鸟等的洞内筑巢。主要食昆虫、蜘蛛，也吃植物的果实、种子。单独或成对出现，也经常和其他物种混群。它的自然栖息地是亚热带或热带潮湿低地森林。分布在玻利维亚、巴西、哥伦比亚、厄瓜多尔、法属圭亚那、圭亚那、秘鲁、苏里南和委内瑞拉。

中国红嘴蓝鹊（*Le Geai, de la Chine*）

红嘴蓝鹊，为大型鸦类，体长 54~65 厘米。嘴为红色，头、颈、喉和胸呈黑色，头顶至后颈有一白色块斑，背部和翼羽呈蓝灰色，尾羽颀长，又称为长尾蓝鹊。性喧闹，结小群活动。以果实、小型鸟类及卵、昆虫为食。主要栖息于山区常绿阔叶林、针叶林、针阔叶混交林和次生林等各种不同类型的森林中。分布在孟加拉国、柬埔寨、中国、印度、老挝、缅甸、尼泊尔、泰国、越南等国家和地区。

1. 茶腹鳾（*Le Torchepot*）

茶腹鳾，又名普通鳾，鳾科、鳾属。体长约十四厘米，大头、短尾，喙及足强而有力。上半身蓝灰且有黑色眼线。一般幼鸟的体色比成鸟颜色浅。栖息于落叶树林及公园地方的留鸟，常于老树上筑巢。以昆虫、种子子和坚果为食。它们是广泛分布在欧洲及亚洲等地的小形雀鸟，但在爱尔兰没有分布。

2. 加拿大红胸鳾（*Le Torchepot, du Canada*）

红胸鳾是一种小型鸣禽。成鸟背部为蓝灰色，腹部为肉桂色，喉部呈白色，脸部有一个黑色条纹穿过眼睛，喙为灰色，冠为黑色。主要以昆虫和种子为食，在枯木上筑巢，通常贴近地面。生活在加拿大，阿拉斯加和美国东北部、西部的针叶林，这种鸟通常居住在固定的地方，如果食物短缺，则定期飞往南方，在墨西哥湾沿岸地区和墨西哥北部也能发现它们觅食的踪迹。

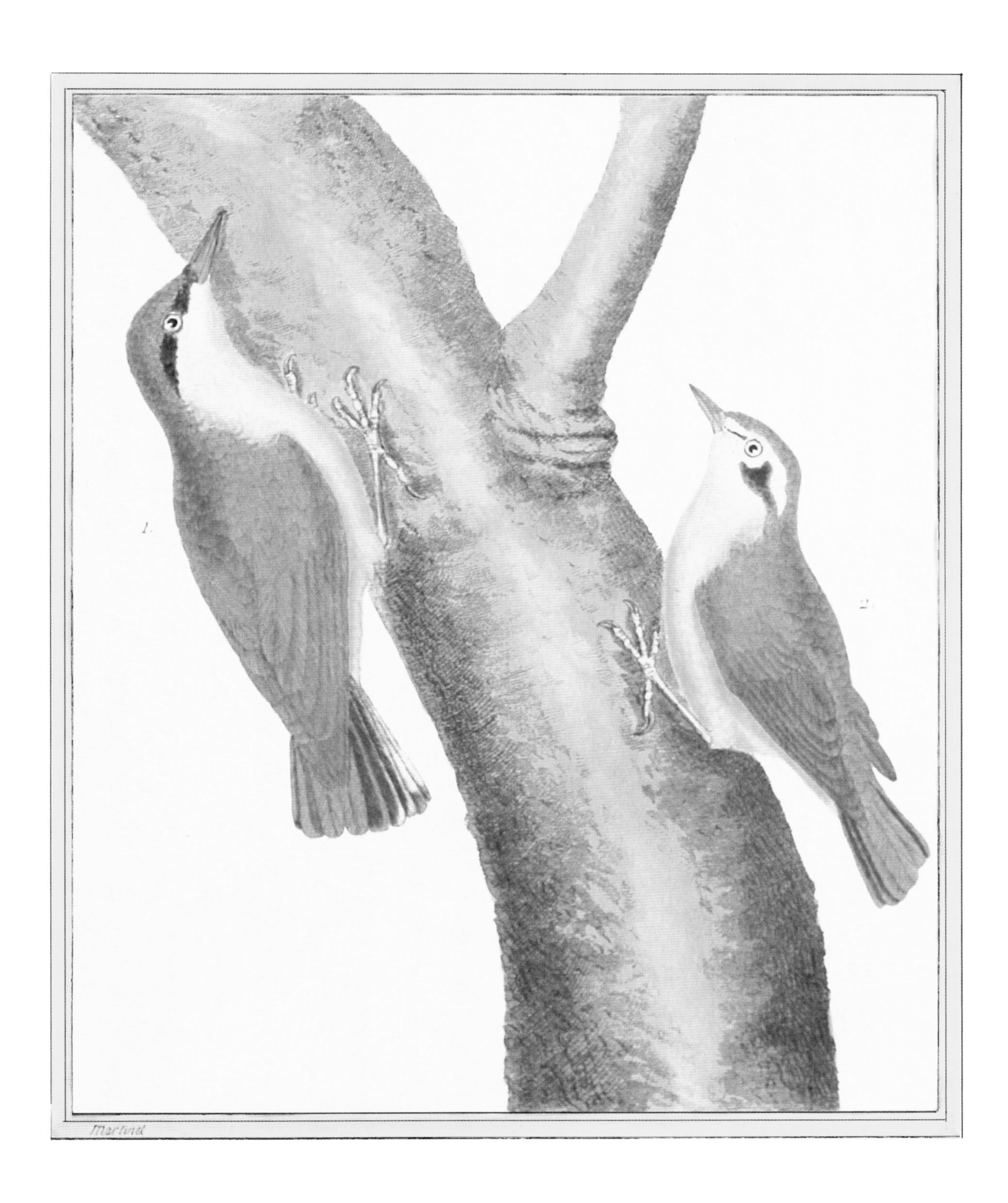
1.
2.
Martinet

卡宴辉伞鸟（*Cotinga, de Cayenne*）

辉伞鸟，伞鸟科、伞鸟属。喙宽而扁，喙尖有点钩，羽毛光亮，色彩鲜艳，喉部羽毛呈鲜艳的酒红色，黑色的双翼和尾羽，雌鸟比雄鸟的羽毛暗淡。常食果实，也吃昆虫。分布在南美洲，包括哥伦比亚、委内瑞拉、圭亚那、苏里南、厄瓜多尔、秘鲁、玻利维亚、巴拉圭、巴西、智利、阿根廷、乌拉圭，以及马尔维纳斯群岛。

秘鲁绿蓝鸦（*Geai du Pérou*）

绿蓝鸦，鸦科、蓝鸦属。平均体重为七十二点二克。栖息地包括亚热带或热带的（低地）湿润疏灌丛、亚热带或热带的湿润低地林、亚热带或热带的高海拔疏灌丛、干燥的稀树草原、亚热带或热带严重退化的前森林和亚热带或热带的湿润山地林。分布在尼加拉瓜、委内瑞拉、哥伦比亚、危地马拉、伯利兹、厄瓜多尔、美国、秘鲁、玻利维亚、墨西哥和洪都拉斯。

埃塞俄比亚蓝头佛法僧（*Rollier, d'Abisfinie*）

蓝头佛法僧，佛法僧目。体型较大，体长28~32厘米，背羽为暖棕色，其它部分的羽毛颜色主要为蓝色。成鸟尾羽后的一对饰带羽长约十二厘米，成鸟的雌性和雄性羽色相近，但幼鸟偏土褐色。它们栖息于农田和有人类居住的地方。它们是短距离迁徙留鸟，湿季后迁往更远的南方。主要分布在热带非洲，范围从南部的毛里塔尼亚、塞内加尔向西延伸至埃塞俄比亚、索马里和肯尼亚，在沙特阿拉伯西南部和也门西部也有分布。

新几内亚黑头钟鹊（*Le Casûcan, de la nouvelle Guinée*）

黑头钟鹊，为雀形目、钟鹊科鸣禽。体长32~35厘米，雄鸟和雌鸟的外表相似，体羽以黑、白两色为主，头部、颈部和喉部为黑色，黑色的尾羽上有白色的条纹。浅灰蓝色的喙宽而粗，尖端呈钩状。虹膜呈深黑色或深棕色。主要生活在海拔650米以下的树木繁茂地区，常成对或成小群活动，栖息地为热带、亚热带平原的潮湿森林中，分布在太平洋诸岛屿。

1. 棉兰老岛鹊鸲（*Merle de Mindanao*）

棉兰老岛鹊鸲，属于鹟科的一类鸟，是菲律宾境内的棉兰老岛特有的鸟类，过去被认为是鹊鸲的一个亚种。头顶至尾上覆羽呈黑色，带蓝色金属光泽；翼羽两侧有白色翼斑，下胸一直到尾羽端部为白色；尾羽呈黑褐色。主要生活在亚热带、热带的干旱森林或者亚热带、热带潮湿的低地森林地区。

2. 菲律宾鹊鸲（*Merle dominiquain,des philippines*）

鹊鸲，俗称进鸟、屎坑雀、四喜、土更鸟、信鸟、知时鸟、猪屎喳。体型略大，长约二十七厘米，尾长，呈黑白色及赤褐色鹊鸲。雄鸟的头、颈及背呈黑色且具蓝色光泽，两翼及中央尾羽暗黑，腰及外侧尾羽白，腹部橙褐。雌鸟似雄鸟，但黑色为灰色替代。

2.
1.

新几内亚黄眼鹃鵙（*Choucas, de la nouvelle Guinée*）

黄眼鹃鵙，雀形目、山椒鸟科。体型较小，嘴小且宽，眼似珍珠，羽毛呈深灰色，下腹部羽毛呈黑褐～白条纹色，一直延伸到羽翼，而鸟翼可以延伸到尾巴的末端。杂食性，吃无花果、浆果等果实，也吃昆虫，如蛾幼虫、蜻蜓等。栖息于林地、沼泽地、多岩地区、城镇及村庄。喜群栖，常结成喧闹的小群。分布在太平洋诸岛屿，在澳大利亚、印度尼西亚、巴布亚新几内亚和所罗门群岛都有分布。

新几内亚白腹鹃鵙（*Le Choucari, de la nouvelle Guinée*）

白腹鹃鵙，山椒鸟科、鸦鹃鵙属。体羽主要呈烟灰色，一圈环绕眼睛的黑色眼纹一直延伸到喙的端部。自然栖息地为亚热带或热带的湿润低地森林、亚热带或热带的红树林，以及亚热带或热带的湿润山地林，分布在澳大利亚、印度尼西亚、巴布亚新几内亚和所罗门群岛。

新几内亚丽色极乐鸟（*Oiseau de Paradis, de la nouvelle Guinée dit le Magnifique*）

丽色极乐鸟，是长约二十六厘米的小型极乐鸟。雄鸟羽色复杂，双翅为明亮的黄色，胸覆羽为彩绿色且呈盾状，颈披肩及翕呈黄色，尾部有两条细长弯曲且呈蓝绿色的镰形中央尾羽，跗蹠呈蓝色。相比之下，雌鸟羽色要暗淡许多，大致呈黄褐色，下体呈淡黄色并杂有黑色横纹。雌鸟比雄鸟略小。主要以水果为食，少量捕食昆虫。分布在新几内亚岛及环岛的中山丛林和山丘地带。

新几内亚华美极乐鸟（*Oiseau de Paradis, de la nouvelle Guinée dit le Superbe*）

华美极乐鸟，又名华美风鸟，是一种美丽的观赏鸟。有开展的胸盾和变成头扇的宽披肩。雄鸟求偶的时候张开双翼，张成一张半椭圆形的黑色“幕布”，头顶的蓝色羽片在幕布上缩为两个蓝色的点，犹如一对明亮的蓝色眼睛，胸部的蓝色胸盾张开成一条蓝色的长条，美丽异常。雄鸟在雌鸟面前反复跳跃舞蹈，以吸引雌鸟。分布在太平洋诸岛屿。

新几内亚阿法六线风鸟 （*Le Sifilet, de la nouvelle Guinée*）

阿法六线风鸟为天堂鸟的一种，体型中等。雄鸟背部呈黑色，胸部呈三角状的黄绿色，头部有三角状的银绿色羽毛。雌鸟呈褐色，没有其它装饰性颜色。以水果，尤其是无花果为食，也食坚果、昆虫和小脊椎动物。主要分布在新几内亚西部的高山阔叶林和次生林中。

新几内亚绿胸辉极乐鸟（*Le Calybé, de la nouvelle Guinée*）

绿胸辉极乐鸟，为天堂鸟的一种。体长可达三十六厘米。体羽主要呈蓝绿色，头至颈部为黑色，尾羽呈黑色，虹膜呈红色。雌鸟和雄鸟的外表相似，但雌鸟更小，羽毛颜色较浅。以水果和无花果为食。分布在太平洋诸岛屿，包括中国的台湾地区、东沙群岛、西沙群岛、中沙群岛、南沙群岛、菲律宾、文莱、马来西亚、新加坡、印度尼西亚的苏门答腊、爪哇岛，以及巴布亚新几内亚。

好望角长尾巧织雀（*La Veuve à ailes rouges, du Cap de B. Esp.*）

长尾巧织雀，也称长尾寡妇鸟，亦译主教鸟，雀形目、织布鸟科、寡妇鸟属，是一种生活在非洲的鸟类。雄鸟有很长的尾羽，是尾羽比例最长的鸟类之一，长度约为五十厘米，而雌鸟的尾羽长度正常，只有 7 厘米。鸟类学家安德森曾经用长尾寡妇鸟做过一个著名的实验，说明了雌性的长尾寡妇鸟倾向于选择尾羽更长的雄鸟。长尾巧织雀主要分布在非洲中南部地区，包括阿拉伯半岛的南部、撒哈拉沙漠以南的整个非洲大陆。

马尼拉蓝矶鸫，雄性（*Merle Solitaire mâle, de Manille*）

蓝矶鸫，鹟科、矶鸫属，俗名亚东蓝石鸫、水嘴、麻石青。雄鸟上体几乎为纯蓝色，两翅和尾近黑色，下体前蓝后栗红色；雌鸟上体蓝灰色，翅和尾亦呈黑色，下体棕白，各羽缀以黑色波状斑。主要以昆虫为食，如蝼蛄、蝗虫等，也吃蜘蛛。为留鸟及候鸟，见于欧亚大陆、中国、菲律宾、东南亚、马来半岛、苏门答腊及婆罗洲。是马耳他的国鸟。

南非食蜜鸟 （*Promerops, du Cap de B. Esp*）

南非食蜜鸟，雀形目、食蜜鸟科。体羽主要为灰棕色，翼羽上的黄色斑纹以及雄鸟长长的尾羽使得该鸟很容易辨识。雄鸟体长34~44厘米；雌鸟尾羽较短，腹羽颜色暗淡，体长25~29厘米。当它拍打翅膀飞翔时，飞羽摩擦发出“frrt~frrt”的声音以吸引异性。以帝王花的花蜜为主食，也吃蜘蛛和昆虫。分布在南非有灌状常绿林的地区，以及帝王花和欧石楠盛开季节时的西开普省和东开普省。

新几内亚黑镰嘴风鸟，雌性（*Promerops, de la Nouvelle Guinée*）

黑镰嘴风鸟，雀形目、极乐鸟科、镰嘴风鸟属，是新几内亚半山森林的大极乐鸟。雌鸟比雄鸟小，羽毛呈红褐色，黑色的喙长而弯曲，长长的尾巴呈佩剑状。分布在太平洋诸岛屿，包括中国的台湾地区、东沙群岛、西沙群岛、中沙群岛、南沙群岛、菲律宾、文莱、马来西亚、新加坡、印度尼西亚的苏门答腊、爪哇岛，以及巴布亚新几内亚。

新几内亚黑镰嘴风鸟，雄性（*Grand Promerops, de la nouvelle Guinée*）*Promérops*

黑镰嘴风鸟雄鸟全身有黑色的羽毛，点缀着斑斓闪耀的绿色、蓝色、紫色的鳞片状羽毛，红色虹膜，嘴呈亮黄色，黑喙长而弯曲，巨大的尾巴呈佩剑状，可立起的扇状羽毛在它的胸部两侧。雄性黑镰嘴风鸟是体形最长的极乐鸟。分布在太平洋诸岛屿。

古巴红鹦鹉（*Le Petit Ara*）

古巴红鹦鹉，又名古巴红金刚鹦鹉或三色金刚鹦鹉。体长 45~50 厘米，它的前额由红色渐变至橙色，到了颈背呈黄色；眼睛周围没有羽毛，呈白色；喙呈深褐色；有黄色的瞳孔；面部、下颚、胸部、腹部及大腿都呈橙色；双脚则呈褐色；上背部有红褐色的羽毛，边缘呈绿色；臀部、尾羽及下背部呈蓝色；双翼羽毛是褐色、红色及紫蓝色的；尾巴上表面呈深红色，渐变至尖端的蓝色，尾巴下表面则呈红褐色。成年的雄鸟和雌鸟在外表上没有分别。

1. 卡宴金喉红顶蜂鸟（*Oiseau~mouche huppé à gorge topaze de Cayenne*）

金喉红顶蜂鸟，雨燕目、蜂鸟科。体长约八点一厘米，体重约三点五克。体羽上部主要为带有绿色光泽的深棕色，头顶有一红色羽冠，楔状尾羽呈金橙色，体羽下部主要为棕色。喜欢栖息于开放的乡村、田野或花园中。以各种花的花蜜为主食，也食小的昆虫。分布在小安的列斯群岛和南北美洲的热带地区，从哥伦比亚、委内瑞拉、圭亚那往南到巴西中部、玻利维亚北部，从哥伦比亚到巴拿马南部也有分布。

2. 卡宴白颈蜂鸟（*Oiseau~mouche dit la Jacobine de Cayenne*）

白颈蜂鸟，雨燕目、蜂鸟科。体型较大，体长约十二厘米。雄鸟腹部和尾部均为白色，颈部被一白色羽带环绕，雌鸟种类多样，有些和幼年或成年的雄鸟相似，体羽上部为深绿色，腹部为白色，喉部深绿色或深蓝色，上体颈部有一白色羽带。以各种花的花蜜为主食，也食小的昆虫。喜欢栖息于高山森林中，分布范围从墨西哥往南到秘鲁、玻利维亚和巴西南部，在多巴哥和特立尼达有它的亚种分布。

3. 卡宴缨冠蜂鸟（*Oiseau~mouche dit le Hupecol, de Cayenne*）

缨冠蜂鸟是世界上体型最小的蜂鸟之一，体长约六点六厘米，重约二点三克。背部呈铜绿色，额及下体呈绿色，臀部具白色条纹，飞行时尤显。缨冠蜂鸟的红褐色冠羽呈火炬状，非常醒目。冠羽与脸颊突起的橙色或红色的缨羽为该鸟主要特征，缨羽在阳光照射下呈现金属光泽，缨冠蜂鸟以各种花的花蜜为食，偶尔捕食小型无脊椎动物。栖息于潮湿森林的边缘、灌木丛和热带稀树草原，以及花园、种植园等人工耕种区，常见于空旷的野外。分布在南美洲中北部地区。

3.
2.
1.

马尔代夫群岛亚历山大鹦鹉（*Perruche à Collier, des Isles Maldives*）

亚历山大鹦鹉，体长约五十八厘米，体重约二百六十克。头部为淡绿色，翅膀和背部为深绿色，身体的下部嫩绿色和淡黄色相交织，似半圆的粉红色项链环绕着后颈，在两侧与喉部的黑色羽带相会合，一抹紫红色点缀于翅膀两端。雌鸟与雄性相比，尾巴较短，体形较小。大部分栖息于海拔九百米以下各种干燥与潮湿的地方。分布在阿富汗、巴基斯坦、印度、尼泊尔、不丹、斯里兰卡、缅甸、泰国、柬埔寨、越南等国。

卡罗来纳州褐弯嘴嘲鸫（*Grive de la Caroline, appelée le Moqueur François*）

褐弯嘴嘲鸫，雀形目、嘲鸫科、弯嘴嘲鸫属。体长 23.5~30.5 厘米，平均体重六十八克。虹膜为橄榄绿色，体羽上部主要为棕色，胸腹部为白色，点缀以泪珠状的浅褐色斑点，雄性和雌性的外表相似。杂食性鸟类，吃昆虫、坚果、浆果和种子，也吃蚯蚓、蜗牛、蜥蜴和青蛙。常单独或成对活动。分布在北美地区，包括美国、加拿大、格陵兰岛、百慕大群岛、圣皮埃尔和密克隆群岛及墨西哥境内北美与中美洲之间的过渡地带。是美国乔治亚州的州鸟。

1. 卡宴灰鸟，雄性（*Le Grisin, de Cayenne*）

卡宴灰鸟的喉部为黑色，且这种黑色自眼睛一直延伸至胸下；眼睛上方覆有白色眉羽；整个身体的上部呈浅褐色，尾巴呈深褐色，尾巴深层的羽毛以及下腹部也是白色；两翼的羽毛稍黑，同时羽翼的形状被翼端白色的羽毛勾勒出来；喙为黑色；足为灰白色。分布在南美洲，包括哥伦比亚、委内瑞拉、圭亚那、苏里南、厄瓜多尔、秘鲁、玻利维亚、巴拉圭、巴西、智利、阿根廷、乌拉圭以及马尔维纳斯群岛。

2. 卡宴灰鸟，雌性（*Sa Femelle*）

除喙下端延伸至胸上部的黑色羽毛和双翼的褐色羽毛外，体羽主要为灰黑色，而雄性的体羽主要为褐色。

3. 交趾支那蓝翅叶鹎（*Le Verdin de la Cochinchine*）

蓝翅叶鹎，小型鸟类，体长 15~18 厘米。雄鸟通体呈草绿色，尾呈蓝绿色，肩和翅呈亮蓝色，胸缀有黄色，颏、喉呈黑色。雌鸟的颏、喉蓝呈绿色。栖息于海拔一千五百米以下的常绿阔叶林、次生林和林缘疏林灌丛中。常成对或成小群活动。主要以昆虫为食，也吃部分植物果实、种子和花等植物性食物。分布在中国、印度、斯里兰卡、缅甸、中南半岛、泰国、马来西亚和印度尼西亚等南亚和东南亚地区。

1.
2.
3.

1. 卡宴黑头蚁鸟（*Merle Roux, de Cayenne*）

黑头蚁鸟，雀形目、蚁鸟科，是美洲热带食虫鸟。体长约十八厘米，它身体的前部、头两侧、喉部、颈的前部和腹部为红棕色；头顶和整个身体的上部，后者包括尾巴的表层羽和两翼的长羽毛，为褐色；两翼的表层羽为黑色，同时被饰以色彩强烈的黄色，与身体底部的红棕色形成鲜明对比，并且这种黄色在每一排的羽毛上形成一道波浪线；尾巴的深层羽毛为白色；尾、喙和两足为灰白色。主要分布在南美洲。

2. 卡宴棕喉蚁鸟（*Petit Merle brun, à gorge rousse de Cayenne*）

棕喉蚁鸟，体型较小，体长约十厘米。喙为带着些许绿色的黄色，体羽蓬松呈黄褐色，翅短而圆。昆虫及其它节肢动物是其主要食物，也会吃细小的无脊椎动物。分布在亚热带及热带的中美洲及南美洲地区，由墨西哥至阿根廷。

1.
2.

路易斯安那州普通拟八哥，雌性（*Casfique, de la Louisiane*）

普通拟八哥，雀形目、拟鹂科、拟八哥属。成年雌鸟，主羽呈白色和紫罗兰色，它们时而混杂在一起，时而彼此分离开来；头、颈、腹和尾部为白色；两翼和尾巴的长羽毛为紫罗兰色，同时羽毛的边缘被白色环绕，身体其余部位的羽毛混杂着这两种颜色。身体总长约二十七厘米，两翼在休息时，仅仅达到尾巴的中间位置，尾羽呈层叠排列。常年生活在美国的路易斯安那州。

好望角红领巧织雀（*La veuve à poitrine rouge, du Cap de Bonne Espérance*）

红领巧织雀，属于脊索动物门、鸟纲的其中一种。身长约三十二点五厘米，除了唯一一块位于胸部似燃烧着的炭火的红斑外，全身羽毛皆为美丽而有光泽的黑色。它有 4 根超长的羽毛，这 4 根羽毛大致等长，从它真正的尾巴下面长出来，几乎是尾巴长度的三倍以上，这些羽毛越接近尾端越细长，最后几乎聚合成一个点。足有四趾，三趾朝前，一趾朝后，趾尖有锋利的爪子。分布在非洲中南部地区。

1. 犹大王国白腹紫椋鸟（*Merle violet à ventre blanc, de Juida*）

白腹紫椋鸟，雀形目、椋鸟科。身体长约十八厘米。它的命名几乎完全概括了它羽毛的颜色，还需要指出的是它的两翼有着长长的微黑长羽毛，喙微黑，足为灰白色。分布在非洲中南部地区，包括阿拉伯半岛的南部、撒哈拉沙漠（北回归线）以南的整个非洲大陆。

2. 毛里求斯法属小岛绿乌鸫（*Merle vert, de l'Isle de France*）

毛里求斯法属小岛绿乌鸫，除了两翼的长羽毛底层为深灰色外，全身羽毛为墨绿色。喙为深灰色，足为白色，有四趾，三趾朝前，一趾朝后，朝后的趾较长，且有锋利的爪子。

努比亚红蜂虎（*Guipier, de Nubie*）

努比亚红蜂虎，佛法僧目、蜂虎科。喙长而尖；头和颈为蓝绿色，喉部有一血红斑；胸和腹为粉红色，尾端为较淡的蓝绿色；身体的上部至中部以及尾巴为红棕色；翅膀的最顶层的长羽毛为灰绿色，下层为褐色和灰黑色。当其翅膀合拢时，几乎可以超过尾巴的中间位置。足为象牙色。以蜜蜂和其它飞行昆虫为食，比如蚱蜢和蝗虫。主要生活于努比亚地区的亚热带常绿硬叶林中。

好望角白眉金鹃（*Coucou verd du Cap de Bonne Espérance*）

白眉金鹃，体长 18~20 厘米。成年雄性体羽上部主要为带有金属光泽的深绿色，点缀以白色斑点；体羽下部主要为白色，胸腹部两侧点缀以淡绿色条纹；具白色过眼纹。雌鸟的体羽上部呈铜绿色，体羽下部为浅棕色。主食昆虫。属于短距离季节性迁徙鸟类。分布在非洲中南部地区，包括阿拉伯半岛的南部、撒哈拉沙漠（北回归线）以南的整个非洲大陆。

1. 黑云雀（*Alouette Noir*）

黑云雀，雀形目、百灵科。正如其名所指出的那样，除了足为橙红色外，全身羽毛皆为黑色，足有四趾，后趾具有一长而直的爪。栖于草地、干旱平原、泥淖及沼泽地区，以活泼悦耳的鸣声著称，以植物种子、昆虫等为食。常集群活动。

2. 西伯利亚角百灵（*Alouette Noir, de Sibérie*）

西伯利亚角百灵，雀形目、百灵科。体长约十五厘米。位于眼睛和喙之间的黑色小斑点，与眼睛下方一更大的黑色斑点相呼应；胸上部围绕着较宽的黑色羽带；胸下部的羽毛近白色，两侧羽毛微黄，深色斑点在各处分布不同；头顶和背部羽毛为近橙红色和灰褐色，上层覆羽为灰黑色，最外缘为灰白色，喙和足为铅灰色。足有四趾，后趾具有一长而直的爪子。以植物种子、昆虫等为食，常集群活动。分布范围广泛，喜欢生活于西伯利亚北方的寒冷气候中。

1.
2.

1. 欧柳莺（*Le Chantre*）

欧柳莺，雀形目、柳莺科。体长 11~12.5 厘米，体重 7~15 克，体羽上部是夹杂浅绿色的棕色，体羽下部是灰白色并带一点淡黄色。欧柳莺是一种非常常见而分布广泛的柳莺，分布在温带地区的欧洲和亚洲，从爱尔兰东部到西伯利亚东部的阿纳德尔河流域，欧柳莺捕食空中或树叶上的昆虫。冬天，北方昆虫较少，欧柳莺就向南飞至非洲。虽然体长只有十多厘米，但却能从北欧和西伯利亚飞往越冬地非洲，这段距离大约一万二千米。

2. 冬鹪鹩（*Le Roitelet*）

冬鹪鹩，是一种小型鸣禽。成鸟体长 9~10 厘米，翼展 13~17 厘米，体重 8~13 克。通体褐或棕褐色，具众多的黑褐色细横斑。飞羽呈黑褐色，外侧的 5 枚初级飞羽外翈具 10~11 条棕黄白色横斑，极为明显。以苔藓，昆虫为食。栖息于森林、灌木丛、小城镇和郊区的花园、农场的小片林区、城市边缘的林带、灌木丛、岸边草丛。一般独自或成双或以家庭集小群进行活动。广泛分布在北半球。

3. 戴菊（*Le Souci ou le Poul*）

戴菊，小型鸟类，体长 9~10 厘米。上体呈橄榄绿色，头顶中央长有呈柠檬黄色或橙黄色羽冠，眼周为灰白色，腰和尾上覆羽为黄绿色，两翅和尾呈黑褐色，下体呈白色，羽端沾黄色，两肋沾橄榄灰色。雌鸟大致和雄鸟相似，但羽色较暗淡，头顶中央斑不为橙红色而为柠檬黄色。主要以各种昆虫为食，尤以鞘翅目昆虫及幼虫为主，也吃蜘蛛和其他小型无脊椎动物，冬季也吃少量植物种子。除繁殖期单独或成对活动外，其余时间多成群活动。

2.
3.
1.

1. 白鹡鸰（*La Lavandière*）

白鹡鸰，别名白颤儿、白面鸟、白颊鹡鸰，属于鹡鸰科。它们是一种小型鹡鸰，体长16.5~19厘米。额头顶前部和脸呈白色，头顶后部、枕和后颈呈黑色，背羽呈蓝黑色，尾羽呈楔状，为棕褐色。以昆虫为食，也吃蜘蛛等其他无脊椎动物，偶尔也吃植物种子、浆果等植物性食物。喜涉水，多在河溪边、湖沼、水渠等处活动，主要分布在欧亚大陆的大部分地区和非洲北部的阿拉伯地区，在中国有广泛分布。

2. 白鹡鸰，变种（*Variété de la Lavandière*）

变种，是指一个种在形态上多少有变异，但变异比较稳定，它的分布范围（或地区）比亚种小得多，并与种内其它变种有共同的分布区。白鹡鸰变种的额、双颊、喉部和下腹部都呈灰白色，胸前饰以倒三角形的褐色块斑，体羽上部主要为棕褐色，体型和普通白鹡鸰相似。

2.
1.

1. 黄道眉鹀，雄性（*Le Bruant de Haye*）

黄道眉鹀，鹀科，为小型鸣禽。形似小的黄鹀，体长 15~16.5 厘米，翼展 22~22.5 厘米。雄鸟羽毛颜色较鲜艳，头部呈亮黄色，有一黑色过眼线；喉部为黑色，胸上部有一淡绿色羽带；体羽上部主要为带有深褐色斑点的棕色。嘴短，呈圆锥形，坚实而尖。以植物的种子和昆虫为食。栖息于开放地区的灌木丛和树林，但偏爱有阳光照射的斜坡。主要分布在南欧、地中海岛屿和北非。

2. 黄道眉鹀，雌性（*Sa femelle*）

和雄鸟相比，雌鸟体羽颜色更暗淡。

1.
2.

1. 普罗旺斯费斯鸟（*Le fist de Provence*）

费斯鸟，因“fist－fist”的叫声而著名，类似无花果莺，而体型大小和体羽颜色更像云雀。听到动静时不会起飞，但会隐藏在岩石后奔跑，一直到周围的声音消失。与无花果莺不同的是，费斯鸟习惯栖息于树上。

2. 普罗旺斯碧梗鸟（*La pivote ortolane de Provence*）

碧梗鸟是雪鹀的忠实伴侣。体羽上部呈浅棕褐色且具斑点，体羽下部呈灰白色且饰以黑色小斑点。

2.
1.
Martinet

1. 普罗旺斯波纹林莺（*Le pitte chou de Provence*）

波纹林莺，为雀形目、莺科的一种小型鸣禽，体长 13 厘米。长长的尾巴使得它很容易与其它啭鸟区分开。体羽上部为灰黑色，体羽下部略带红色，眼睛为红色。分布在欧洲西部和南部的部分地区与非洲西北部，在分布范围内有迁徙现象。气候变化可能也对这种啭鸟有利，因为英国的部分地区有望成为更加适合它们居住的栖息地，愈加温暖的温度将扩大它们的活动范围。

2. 普罗旺斯宽尾树莺（*La Bouscarle de Provence*）

宽尾树莺，鹟科、树莺属。体长约十四厘米。上体呈赤褐色，眉纹短，呈淡白色；下体几乎近白色。雌、雄两性羽色相似。主要吃昆虫、蜘蛛、甲壳类动物和水生昆虫等动物性食物。宽尾树莺主要栖息于海拔 300~2000 米的河流沿岸和湖泊附近的灌丛、芦苇丛、草丛和河谷灌丛中。单独或成对活动，活泼且行动敏捷。该物种在从南欧到中亚的地区都有分布，其模式产地在地中海的撒丁岛。

1.
2.

1. 普罗旺斯栗耳鹀（*Le Gavoué de Provence*）

栗耳鹀，雀形目、鹀科。体长 16 厘米。体羽主要为栗色，且带有深褐色条纹。喜栖于低山区或半山区的河谷沿岸草甸，森林迹地形成的湿草甸或草甸夹杂稀疏的灌丛。分布在欧亚大陆及非洲北部，包括整个欧洲、北回归线以北的非洲地区、阿拉伯半岛，以及喜马拉雅山～横断山脉～岷山～秦岭～淮河以北的亚洲地区、印度次大陆及中国的西南地区。

2. 普罗旺斯田鹀（*La mitelêne de Provence*）

田鹀，体长 13~15 厘米，翼展 23~24 厘米，体重约二十三克。雄鸟头部及羽冠呈黑色，具白色的眉纹，翼羽呈栗红色且具黑色纵纹。雌鸟与雄鸟相似，但羽色较浅，以黄褐色取代雄鸟黑色部分。栖息于平原的杂木林、灌丛和沼泽草甸中，也见于低山的山麓及开阔田野，迁徙时成群并与其它鹀类混群，但冬季常单独活动。以草籽、谷物为主要食物。分布在欧洲大部分地区，从挪威、芬兰至美国，向东经西伯利亚至堪察加半岛，南至日本、朝鲜半岛和中国。

1.
2.
Martinet

1. 普罗旺斯欧洲丝雀（*Le Serin de Provence*）

欧洲丝雀，雀形目、燕雀科、丝雀属，和著名的金丝雀非常相似。体型较小，体长约十一点五厘米。喙很短，呈圆锥状。雄鸟的头部、胸部和尾部羽毛是带有浅绿色光泽的亮黄色，双颊羽毛呈橄榄绿色，背部和双翼呈浅绿色并饰以暗色斑纹。雌鸟外表和雄鸟相似，但羽色更暗淡些。主要吃植物的种子。喜欢栖息于乡村和城市等有人类定居的地方。分布在欧亚大陆及非洲北部。

2. 普罗旺斯桔黄丝雀（*Le Venturon de Provence*）

桔黄丝雀，雀形目、燕雀科、丝雀属。雄鸟体羽主要为浅绿色，腹部、喉部、双颊和肋部是带有微绿色斑纹的黄色，而背部呈橄榄绿色，头部和颈部为灰色。雌鸟体羽颜色较暗淡。幼鸟体羽主要为褐色，下部为绿色。喙短而呈圆锥形，典型的食谷粒鸟类。主要分布在欧洲。

2.
1.
Martinet

1. 好望角黄巧织雀（*Grosbec tacheté du Cap de Bonne Espérance*）

黄巧织雀，雀形目、织布鸟科、巧织雀属。体长约十五厘米。体羽上部主要为黄色，点缀以深褐色斑纹；体羽下部呈微黄色，饰以深褐色波纹状竖条纹。主要以种子、谷物和昆虫为食。分布在安哥拉、博茨瓦纳、布隆迪、喀麦隆、刚果、赤道几内亚、埃塞俄比亚、肯尼亚、莱索托、马拉维、莫桑比克、尼日利亚、卢旺达、南非、南苏丹、斯威士兰、坦桑尼亚、乌干达、赞比亚和津巴布韦等国家和地区。

2. 安哥拉红领食籽雀（*Grosbec d'Angola*）

红领食籽雀，为雀形目、鹀科、食籽雀属的小型鸣禽，体长约十二厘米，体重 7.5~14 克。鸟喙短粗，为圆锥形。有明显的二态性，成年雄鸟羽色鲜丽，雌鸟和幼鸟羽色相同。以植物的种子为食，也吃昆虫。喜欢栖息于光线充足的林地和灌木丛中。分布在阿根廷、玻利维亚、巴西、巴拉圭、乌拉圭和中国。

1.
2.
Martinet

1. 林鹨（*La farlouse*）

林鹨，为雀形目、鹡鸰科小型鸣禽。体长 16~17 厘米，翼展 25~27 厘米，寿命约八年。头及上背满布黑色纵纹，下体皮黄白色。主要以昆虫和昆虫幼虫为食，有时也吃草子和其它植物种子。常单独或成对活动，迁徙季节亦成群活动，主要栖息于山地森林和林缘地带。分布范围广泛，亚洲、欧洲、非洲很多国家都有分布。

2. 草地鹨（*Le cujelier*）

草地鹨，为雀形目、鹡鸰科小型鸣禽。体长约十五厘米，体型较纤细。上体呈橄榄色且具黑褐色纵纹，尾呈暗褐色，下体为白色沾褐。食物主要有昆虫，也吃蜘蛛、蜗牛等小型无脊椎动物，此外还吃苔藓、谷粒、杂草种子等植物性食物。繁殖于古北界的西部，越冬至北非、中东至土耳其，罕见冬候鸟至天山西部、中国新疆西北部草地及多石的半荒漠。

2.
1
Merland

1. 马莱云雀（*Alouette de Marais*）

云雀，为鸣禽。中等体型，身长约十八厘米。具灰褐色杂斑。顶冠及耸起的羽冠具细纹，尾分叉，羽缘白色，后翼缘的白色于飞行时可见。与鹨类的区别在于其尾和腿均较短，具羽冠且立势不如鹨类直。

2. 鹨云雀（*Alouette de pipi*）

鹨云雀，云雀属。体型及羽色略似麻雀，雄性和雌性的相貌相似。背部呈花褐色和浅黄色，胸腹部呈白色至深棕色。外尾羽呈白色，尾巴呈棕色。后脑勺具羽冠，适应于地栖生活，腿、脚强健有力，后趾具一长而直的爪；跗跖后缘具盾状鳞；以植物种子、昆虫等为食，常集群活动；繁殖期雄鸟鸣啭洪亮动听，是鸣禽中少数能在飞行中歌唱的鸟类之一。生活在草原、荒漠、半荒漠等地带。

1.
2.

贝壳鸟（*La Coquillade*）

贝壳鸟，雀形目、百灵科。喉部和整个身体下部为灰白色，颈部和胸部有黑色点斑，头顶的冠状羽毛为灰黑色。以昆虫为主食，比如毛虫、蚱蜢，也吃蜗牛。主要分布在欧洲大陆。

新几内亚翠鸟（*Martin pêcheur de la nouvelle Guinée*）

翠鸟，为中型水鸟。自额至枕呈蓝黑色，密杂以翠蓝横斑；背部呈辉翠蓝色，腹部呈栗棕色；头顶有浅色横斑；嘴和脚均为赤红色。从远处看很像啄木鸟。因背和面部的羽毛翠蓝发亮，因而通称翠鸟。食物以鱼类为主，兼吃甲壳类和多种水生昆虫。新几内亚翠鸟的头部和胸部为灰色，尾羽为褐色，带黑色斑点。

1. 好望角雪鹀（*Ortolan du Cap de bonne Espérance*）

雪鹀，为小型鸣禽，体长约十七厘米。喙为圆锥形，较为细弱，上下喙边缘不紧密切合而微向内弯，因而切合线中略有缝隙。它是一种体形矮圆的黑白色鹀。嘴呈黑色。繁殖期雄鸟特征明显，白色的头、下体及翼斑与其余的黑色体羽成对比。一般主食植物种子，栖于光裸地面，冬季群栖但一般不与其他种类混群。繁殖期在地面或灌丛内筑碗状巢。好望角雪鹀，分布在非洲好望角。头部至背部中央为褐色，有横斑；胸部和腹部为白色；眼周有灰色横斑。

2. 好望角黄腹雪鹀（*Ortolan à ventre Jaune du Cap de bonne Espérance*）

好望角黄腹雪鹀，因腹部羽毛为黄色而得名。眼周为白色，有灰色狭长带；背羽为褐色，有横斑；尾羽为灰色。

2.
1.
Martinet

1. 法兰西麻雀（*Moineau de l'Isle la France*）

麻雀，文鸟科、麻雀属。一般上体呈棕、黑色的斑杂状，因而俗称麻雀。嘴短粗而强壮，呈圆锥状，嘴峰稍曲。除树麻雀外，雌、雄均异色。多活动于林缘疏林、灌丛和草丛中，不喜欢茂密的大森林。多在有人类集居的地方，城镇和乡村，河谷、果园、岩石草坡、房前屋后和路边树上活动和觅食。法兰西麻雀的羽色以褐色为主，头部和尾部上方呈红色，背部有横斑。

2. 雌鸟（*Sa femelle*）

雌鸟羽色较雄鸟暗淡，呈灰白色，背部为灰色，胸部和腹部为白色。

1.
2.
Martinet

1. 菲律宾蓝色姬鹟（*Gaube mouche bleu des philippines*）

蓝色姬鹟，为体型小（13 厘米）的褐色鹟。尾色暗，基部外侧明显白色。繁殖期雄鸟胸红沾灰，但冬季难见。雌鸟及非繁殖期雄鸟暗灰褐，喉近白，眼圈狭窄白色。栖于林缘及河流两岸的较小树上，有险情时冲至隐蔽处，尾展开显露基部的白色并发出粗哑的咯咯声。菲律宾蓝色姬鹟，背羽为浅蓝色，尾羽为灰色，腹部呈白色。

2. 路易斯安那姬鹟（*Gaube mouche de la Lousiane*）

路易斯安那姬鹟，鹟科、姬鹟属。羽色以黄绿色为主，头部后方及喉部呈黑色。

2.
1.
Martinet

努比亚斑点鹊（*Pie tacheté, de Nubie*）

斑点鹊，喙为黑色，虹膜为浅棕色。全身羽翼多呈白、红、褐三色，颜色协调均匀，覆黑、白两色斑点。头顶羽翼呈黑色，间有白色细小斑点。枕部为红色，呈羽冠状。胸部近白，间有黑色斑点。尾翼呈红褐色条纹状。双脚暗绿。雌鸟一次产蛋一般为四枚。雌鸟与幼鸟身上不具斑纹。

蓝翡翠（*Martin~pêcheur de la Chine*）

蓝翡翠，佛法僧目、翠鸟科、翡翠属。成年雄鸟体长27.8~31厘米，雌鸟体长25~31厘米。体羽颜色以蓝色、白色、黑色为主，以头黑为特征。后颈呈白色，向两侧延伸与喉胸部白色相连；上体主要呈靓丽的蓝紫色。嘴粗长，基部较宽，嘴峰直，以鱼为食，也吃虾、螃蟹、蟛蜞和各种昆虫。主要栖息于林中溪流，以及山脚与平原地带的河流、水塘和沼泽地。分布在中国、朝鲜等地，冬天往南迁徙到印度和马来西亚等地。

1. 无花果莺（*La Becfigue*）

无花果莺，欧洲鸟类中的园林莺，属于莺科小型鸣禽。体型纤细瘦小，嘴细小，羽色大多比较单纯，呈灰黑，下体及颈部为白色。羽尖的深灰月牙形成鳞状斑纹，翼上有一道白色的翼斑。栖息于多种环境中，主要分布在欧亚大陆及非洲北部包括整个欧洲、北回归线以北的非洲地区、阿拉伯半岛地区。因秋季喜食无花果而得名。

2. 阿尔卑斯莺（*Fauvette des Alpes*）

阿尔卑斯莺，莺科，为迁徙候鸟。体型稍大，嘴细而小。体羽上部和下体呈青灰色，背部羽毛为灰黑色鳞状斑纹，颜色逐渐加深。翼上有两道白色的翼斑，颈下分布有黑色斑点，翼下则有橙黄色斑点。主要分布在欧洲阿尔卑斯山及周围地区的森林中。

1.
2.
Martinet

1 & 2. 卡宴燕尾娇鹟（*Le pipit bleu de cayenne*）

燕尾娇鹟，雀形目、娇鹟科。卡宴燕尾娇鹟成年雄鸟的体羽主要呈亮蓝色，双翼、尾巴和头部呈亮黑色，喙宽而扁平。主要以地面上的昆虫为食。喜欢栖息于亚热带或热带潮湿低地森林，亚热带或热带湿地山区森林。分布在南美洲，包括哥伦比亚、委内瑞拉、圭亚那、苏里南、厄瓜多尔、秘鲁、玻利维亚、巴拉圭、巴西、智利、阿根廷、乌拉圭，以及马尔维纳斯群岛。

3. 苏里南燕尾娇鹟（*Le pipit bleu de Surinam*）

燕尾娇鹟，雀形目、娇鹟科。苏里南燕尾娇鹟，体羽下部主要呈蓝宝石色，头、颈、背和翅膀呈漂亮的黑色，尾巴呈黑色，臀部有黄绿色块斑。主要以昆虫为食。喜欢栖息于亚热带或热带潮湿低地森林、亚热带或热带湿地山区森林。分布在南美洲，包括哥伦比亚、委内瑞拉、圭亚那、苏里南、厄瓜多尔、秘鲁、玻利维亚、巴拉圭、巴西、智利、阿根廷、乌拉圭，以及马尔维纳斯群岛。

1.
2.
3.

1. 塞内加尔长尾旋木雀（*Grimpereau à longue queue, du Sénégale*）

长尾旋木雀，为雀形目、旋木雀科的小型鸣禽，身体纤细。喙细长而尖，呈下曲状，为灰白色。全身羽翼色泽鲜艳，自头顶至背部羽翼呈棕褐色。喉颈处为深绿色，胸前间有小块橙红羽翼，十分显眼。腹部至尾翼为深绿并间有黑灰色长条斑纹。两片尾翼极长。常单独或成对活动。主要分布在塞内加尔等地。

2. 好望角长尾小旋木雀（*Petit Grimpereau à longue queue, du Cap de Bonne~Espérance*）

长尾小旋木雀，体型小，全身体长约为十四厘米，尾翼长达六厘米左右。喙细长而下曲。虹膜呈暗褐色。头部、颈部羽翼为蓝绿色，胸部、腹部呈黄色，双翼具黄绿褐等多色。双脚近白。擅长在树干上垂直攀爬，多沿树干呈螺旋状攀缘以寻觅树皮中的昆虫。昼行性，白天活跃，夜间结群而居。繁殖季生育两次，卵呈白色，布有细密的粉红色或红褐色斑点。多见于好望角等地区。

1.
2
Martinet

1. 卡宴绿喉蜂鸟（*Golibri à Gorge Verte de Cayenne*）

卡宴绿喉蜂鸟，蜂鸟目、蜂鸟。体长约十点二厘米，体重约九克。雄鸟的羽毛主要呈绿色，喉部有绿松石色和砖红色带状羽毛。双翅尖儿小，呈黑色。喙直而呈黑色。它们的脚上有很显眼及密集的白毛。绿喉蜂鸟雌鸟通常在很高的大树上产卵，主食是蜂蜜，但偶尔也会吃一些飞虫。主要分布在中南美洲地区的热带雨林等潮湿地区。

2. 卡宴紫尾蜂鸟（*Golibri à Queue Violette de Cayenne*）

卡宴紫尾蜂鸟，体型小，蜂鸟目、蜂鸟科。其喙尖而长，略向下弯。雄鸟尾极长，呈楔状；体羽上部主要为橄榄绿色，下部灰黑色，中央尾羽呈紫色，因此得名紫尾蜂鸟，而外侧尾羽则呈深蓝色。其食物来自花蜜、节肢动物等。分布在拉丁美洲，北至北美洲南部，沿太平洋东岸达阿拉斯加等地区。

1.
2.

1. 卡宴紫辉林星蜂鸟（*Petit oiseau mouche à queue fourchue de Cayenne*）

紫辉林星蜂鸟，雨燕目、蜂鸟科、林蜂鸟属。体长约七点五厘米，体重约三克，是最小、最漂亮的蜂鸟之一。其喉部和颈部为漂亮的紫红色，体羽上部带有金黄色的绿色，体羽下部为灰白色。栖息于亚热带或热带潮湿的低地森林及湿地山区森林。主要分布在美洲中南部和南美洲中部地区，包括阿根廷、玻利维亚、巴西、哥伦比亚、厄瓜多尔、法属圭亚那、苏里南、巴拉圭、秘鲁和委内瑞拉等国家和地区。

2. 卡宴灰胸刀翅蜂鸟（*Petit oiseau mouche à larges tuyaux de Cayenne*）

灰胸刀翅蜂鸟，雨燕目、蜂鸟科。体长 12~15 厘米，是体型较大的一种蜂鸟。体羽上部呈草绿色，双翅呈紫红色，下部体羽主要为灰白色。栖息于热带、亚热带潮湿的森林中。主要分布在南美洲，包括哥伦比亚、委内瑞拉、圭亚那、苏里南、厄瓜多尔、秘鲁、玻利维亚、巴拉圭、巴西、智利、阿根廷、乌拉圭，以及马尔维纳斯群岛。

3. 卡宴纯腹蜂鸟（*Petit oiseau mouche à cravate dorée de Cayenne*）

纯腹蜂鸟，雨燕目、蜂鸟科。体羽上部主要为橄榄绿色，下部呈白色，尾呈楔状，中央尾羽呈金黄色，外侧尾羽呈深蓝色。栖息于热带、亚热带的干旱森林和红树林中，在严重退化的森林中也能发现其踪迹。主要分布在南美洲，包括哥伦比亚、委内瑞拉、圭亚那、苏里南、厄瓜多尔、秘鲁、玻利维亚、巴拉圭、巴西、智利、阿根廷、乌拉圭，以及马尔维纳斯群岛。

1.
2.
3.
Martinet

1. 灰鹡鸰（*La Bergeronnette grise*）

灰鹡鸰，为鹡鸰属的小型鸣禽，体长约十八厘米。上背羽翼呈纯灰色，无纵纹。枕部、腰部多呈灰色且沾暗绿褐色。尾较长，尾翼覆鲜黄色，部分沾有褐色。常单独或成对活动，主要栖息于溪流、河谷、湖泊、水塘、沼泽等水域岸边或水域附近的草地、农田、住宅和林区居民点等地。主要以昆虫为食，是一种重要的农林益鸟。种群数量较普遍，分布范围较广。

2. 黄鹡鸰（*La Bergeronnette du printemps*）

黄鹡鸰，头顶羽翼呈暗色。上体为橄榄绿或灰色，具白色、黄色或黄白色眉纹。飞羽呈黑褐色，具两道白色或黄白色横斑。下体呈鲜黄色，胸侧和两胁有的沾橄榄绿色。尾呈黑褐色，最外侧两对尾羽大都为白色。多活动于林缘、林中溪流、平原河谷、村野、湖畔和居民点附近。食物种类主要有蚁、蚋、浮尘子以及鞘翅目和鳞翅目昆虫等。繁殖期为 5~7 月，孵卵主要由雌鸟承担。

2.
1.

1. 卡宴鹟（*Gobe~mouche pie, du Cayenne*）

卡宴鹟，雀形目、鹟科。体型较小。嘴宽而扁平。头部、颈部、腹部羽翼近白，后颈部至背部呈黑色，背部覆白色宽状条纹。羽翼为黑色间白色细纹。尾翼较短，呈黑色。翅尖长，飞行灵便。多分布在法属圭亚那的卡宴地区。

2. 红冠鹟（*Gobe~mouche rouge hupé*）

红冠鹟，为小型鸣禽。嘴稍扁平。羽翼色彩鲜艳，头部具鲜红色鸟冠，颈部、腹部至尾部呈红色，背部为棕褐色，双翼间有浅色条纹，尾翼为黑褐色。双脚较小，为橙黄色。善鸣叫，主要以地面上的昆虫为食。多栖息于森林地区。

2.
1.
Martinet

卡罗来纳鹟（*Gobe~mouche de la Caroline*）

卡罗来纳鹟，中等体型。头部、后颈部、背部羽翼呈棕黑色，间有黑色斑点，头顶具小状红色斑点。喉部、胸部及背部为白色。双翼棕黑，覆白色细纹路。尾翼近黑，顶端呈白色。双脚灰白。善鸣叫，多食害虫，是益鸟。多见于北美卡罗来纳州等地。

墨西哥叉尾鹟（*Gobe~mouche à queue fourchue, du Mexique*）

叉尾鹟，中等体型。喙尖而呈黑灰色。全身羽翼多呈黑白两色。头部、颈部及腹部呈白色，头顶至背部上端近灰。双翼呈黑灰色，覆白色纹路，尾翼呈黑色且尾叉甚长。双脚近黑。初级飞羽发达，喜取食昆虫。多分布在墨西哥等地。

1. 小燕雀（*Le Traquet*）

小燕雀，属小型鸟类。嘴尖且呈黑色；虹膜为褐色；头部及背部为浅棕色，具深褐色斑纹；眼下方近黑；喉部具黑灰斑纹；胸部、腹部呈浅棕色；双翼有棕黑色长条状斑纹，具白色细横纹；尾翼为褐色；双脚呈暗褐色。多成群活动，栖息于林缘疏林、旷野及果园内。主要以果实、种子为食。鸣声悦耳。

2. 石鹏（*Le Tarier*）

石鹏，雀形、目鹟科。中等体型。喙小而尖，近黑。虹膜为褐色。头顶、背部呈棕色且有深褐色斑纹。喙底部经双眼上方至后颈部覆有白色细长斑纹，双眼下方为黑色。喉部、胸部及腹部为浅棕色。双翼底部具黑、白两色，翅尖而近黑，间有浅色细长条纹。尾翼近黑。常栖于灌丛、矮小树及农作物的梢端，多于近地面处取食。

2.
3.
1.

1. 旋木雀（*Le Grimpereau*）

旋木雀，小型鸟类，体长12~15厘米，平均重10克。嘴长而下曲，上体呈棕褐色且带有白色纵纹，腰和尾部呈黄褐色，下体呈白色。尾为硬且尖的楔形尾，似啄木鸟。栖息于落叶林和针叶林中。属于全年常驻同一地区的留鸟，昼行性，夜间结群而居。有垂直向树干上方爬行觅食的特殊习性，其坚硬的尾羽可支撑起垂直爬升的身体重量，下弯的鸟喙有助于捕捉树皮皱褶里的昆虫、蜘蛛和其他节肢动物。主要分布在欧洲大部和亚洲部分地区。

2. 波旁岛旋木雀（*Grimpereau de l'Isle de Bourbon*）

波旁岛旋木雀是分布在非洲及留尼旺岛等地区的小型鸟类。嘴长而下曲。上体呈棕褐色，腰和尾部呈黑褐色，下体呈灰白色。尾为很硬且尖的楔形尾。它们坚硬的尾羽可支撑起垂直爬升的身体重量，下弯的鸟喙有助于捕捉树皮皱褶里的无脊椎动物，主食昆虫、蜘蛛和其他节肢动物。

1.
2.
Martinet

1. 卡宴绿旋木雀（*Grimpereau verd de Cayenne*）

卡宴绿旋木雀，小型鸟类，体长12~15厘米，平均重十克。嘴细长而下曲，眼睛虹膜呈橘红色，全身被绿色羽毛覆盖，颜色鲜艳亮丽，尾羽长而挺直，为很硬且尖的楔形尾，形似啄木鸟。腿细长，脚有四趾，后趾和爪特别长，擅长攀树。栖息于落叶林和针叶林，全年常在同一地区。昼行性，白天活跃，夜间结群而居。有垂直向树干上方爬行觅食的特殊习性，主食昆虫、蜘蛛和其它节肢动物。

2. 卡宴斑点绿旋木雀（*Grimpereau verd, tachété de Cayenne*）

卡宴斑点绿旋木雀，与绿旋木雀相同，都具有细长而下曲的喙，虹膜呈橘红色。腿细长，脚有四趾。但是斑点绿旋木雀的上体羽毛带有黑色斑点，下体羽毛间有白色、淡蓝色和黑色斑点，喉部为橙黄色。

2.
1.
Martinet

好望角带冠翠鸟（*Martin pêcheur hupé du Cap de Bonne~Espérance*）

好望角带冠翠鸟，中型水鸟。嘴粗直，长而坚，嘴脊圆形。头大颈短，翼短圆。头顶具灰黑色羽冠，全身羽翼多为黑灰色，间有白色细小斑纹，腹部具小块棕黄色羽翼。主要栖息于有灌丛或疏林、水清澈而缓流的小河、溪涧、湖泊和灌溉渠等水域。多分布在好望角一带。食物以小鱼为主，兼吃甲壳类动物和多种水生昆虫及其幼虫。

新几内亚鹦鹉（*Lory de la nouvelle Guinée*）

新几内亚鹦鹉，又被称为红边折衷鹦鹉。虹膜呈浅黄色，喙为黑色，强劲有力。头、颈、胸及腿上部羽毛为红色，羽毛艳丽，且带有绿色的鱼鳞型斑点。两翼分层，上层为棕色，下层为深蓝色，且带有明显的条纹，尾呈金黄色。主要生活在低地热带森林，也常飞至果园、农田和空旷草场地中。大多数鹦鹉主食树上或者地面上的植物果实、种子、坚果、浆果、嫩芽等，兼食少量昆虫。主要栖息于巴布亚新几内亚和附近太平洋的小岛上。

古比鹦鹉（*Lory de Guéby*）

古比鹦鹉，喙为粉嫩的红色，全身羽毛兼具红色和黑色，除喉部以外，头、颈、胸及下部的羽毛为红色，且带有黑色的鱼鳞型的斑纹。飞翼的上部为红色，下部为黑色，红、黑交错分布在两翼。尾巴呈棕色，腿较短，对趾型足，两趾向前两趾向后，适合抓握。主要生活于低地热带森林，也常飞至果园、农田和空旷草场地中。大多数鹦鹉主食树上或者地面上的植物果实、种子、坚果、浆果、嫩芽、嫩枝等，兼食少量昆虫。

卡宴锡嘴伯劳（*Barbu à Gros~bec de Cayenne*）

卡宴锡嘴伯劳，嘴形大而强，尖端钩曲，嘴须发达，略似鹰嘴；头顶有一顶似黑色帽子的羽毛，颈后一道白色的细环羽延伸至前面的颈部和胸部，同时有一道黑色的布带羽自胸部延伸至身体上部。翅短圆，为锡色，兼有些许黑羽，呈凸尾状；脚强健，趾有利钩。性情凶猛，以各种小动物为食，善于采取突然袭击的方式捕食，有“屠夫鸟”之称。

1. 卡宴橄榄绿莺雀（*Figuier olive de Cayenne*）

卡宴橄榄绿莺雀，小型鸣禽。体型纤细瘦小，喙短小，头顶、后颈至背部及肩羽和翅上覆羽呈橄榄绿色；眉区的橄榄绿色较浅淡，飞羽呈黑褐色，内侧三级飞羽表面和次级飞羽外翈羽缘呈暗橄榄绿色，初级飞羽外翈羽缘呈淡褐色；尾上覆羽和中央尾羽表面与背同色，其余尾羽褐色。喜欢结群而居。

2. 加拿大灰莺雀（*Figuier cendré du Canada*）

加拿大烟灰莺雀，分布在加拿大及周围地区。身体上部和头部的羽毛以灰色为底，自背部起呈黑色，颜色逐渐加深。喉部为突出的黑色，胸部和腹部呈灰白色，其中腹部中央颜色最为苍淡。多生活于低矮的树林、果园、农田和空旷草场地中。

2.
1.

1. 圣多明各黄喉莺（*La Gorge~jaune de St. Domingue*）

圣多明各黄喉莺，因喉部下方的黄羽而得名。其身体上部和头部为灰色，眼睛周围有白色和黑色羽毛，同时自眼睛下方沿体侧布有一道黑色斑点带，两翼分别为三片翅，呈黑色的鱼鳞型。尾巴也为黑色，腹部为白色羽毛。主要分布在北美和南美地区。栖于树丛及常绿林的林下植被。

2. 卡宴红尾鸲（*Le Rouge~queue de Cayenne*）

卡宴红尾鸲，体长 14~16 厘米，因尾红色而得名，经常摆动尾部，习性似鹟。嘴短键，嘴缘平滑。翅长而尖，跗蹠较长且强键，尾巴颜色为橙红色或红色。雄鸟大多有鲜艳的各色羽毛，雌性体羽呈浅褐色，带有红色尾巴。主要栖息于山地、森林、河谷、林缘和居民点附近的灌丛与低矮树丛中，尤其在居民点和附近的丛林、花园、地边树丛中较常见。常单独或成对活动，行动敏捷，以昆虫为食。

1.
2.

1. 卡宴灰侏儒鸟（*Manakin cendré de Cayenne*）

卡宴灰侏儒鸟，因体型小而被称为侏儒鸟。嘴粗短，身体短胖，翼和尾均短，前中趾与内侧或外侧的趾基部相连。雄鸟的羽衣主要为黑色，间有鲜明的色斑；雌鸟的羽衣主要为淡绿色，有许多种类的翼羽，能在振动时发出锉磨声、吧嗒声和劈啪声。其求偶主要是通过翅膀振动来吸引雌性。主要分布在中南美洲等地区，觅食林中浆果和昆虫。

2. 卡宴蓝背娇鹟（*Manakin noir huppé de Cayenne*）

卡宴蓝背娇鹟，体型娇小，身长约九厘米，头顶红色羽冠，背部为蓝色羽毛。大多数鹟的显著特点是嘴宽而扁平，脚比较小。广泛地分布在非洲、亚洲的东南亚到南美洲，以及太平洋美拉尼西亚群岛上温暖的森林也是它们的栖息地。主要觅食地面上的昆虫，而不是捕捉在空中飞行的昆虫。

2.
1.

1. 好望角伯劳（*Barbu du Cap de bonne Espérance*）

好望角伯劳为一种食肉的小型雀鸟。眼睛上方有一处红色和黄色的羽毛，自眼角有一道延伸至颈侧下方的灰色羽带，同时喉、胸部和头顶各有一道羽带；上身羽毛是以灰色为底并带有黑斑的黄色羽毛；腹部羽毛为白色；脚强健，趾有利钩。大多栖息于丘陵开阔的林地、有荆棘的树木或灌丛间。

2. 卡宴黑胸伯劳（*Barbu poitrine noire de Cayenne*）

卡宴黑胸伯劳，生性凶猛，因胸部有一片黑色羽毛而得名。头顶羽毛为灰色，身体上部、两翼和尾巴的羽毛均为黑色，颈部上方和腹部羽毛为白色。脚强健，趾有利钩。鸟翅短圆。大都栖息于丘陵开阔的林地、有荆棘的树木或灌丛间。嗜吃小型兽类、鸟类、蜥蜴等各种昆虫。

卡罗来纳象牙喙啄木鸟（*Pic noir huppé de la Caroline*）

象牙喙啄木鸟是世界上第二大的啄木鸟，也是北美洲最大的啄木鸟。它们体长约五十厘米，体重约五百七十克，翼展约长七十五厘米。眼睛呈灼黄色，成鸟的喙呈象牙色，因此而得名。身披黑白相间的亮丽羽毛，翼有白色的斑纹，颈部及背部呈蓝黑色，下颚呈黑色。雄性啄木鸟的冠部呈现鲜亮的红色。喙强而有力，舌头长而灵活，有刺且尖端坚硬。栖息于各种常绿阔叶林或混交林内，主要以树栖的甲虫幼虫、种子、果实为食。分布在美国东南部和古巴等地。

菲律宾群岛绿啄木鸟（*Pic vert, des Philippines*）

啄木鸟，为鴷形目的一科，在全世界大部分范围内均有分布，除了澳大利亚、新几内亚、新西兰和马达加斯加地区。其体形根据具体种属的不同而有区别，体长范围为7.5~60厘米，喙直而尖，十分强壮，大部分尾部较长。多数啄木鸟以昆虫为食，或食果实，多生活在从较冷的温带直至热带的森林、林间地或牧场。菲律宾群岛绿啄木鸟喙部较长，头顶有冠状棕色羽毛；翅膀上部覆羽为棕黄色，中部为鲜红色，往下呈现出橄榄绿和黄色的交替；其颈部、胸部和腹部为黑色，带白色鳞状斑纹。

路易斯安那条纹啄木鸟（*Pic rayé, de la Louisiane*）

路易斯安那条纹啄木鸟的体羽呈现三种颜色：头顶、后颈及喙根部为鲜艳的橙红色，背部、翼部和尾部底色为白色并带有密集的黑色横斑，身体其余部分为白色。

加拿大条纹啄木鸟（*Pic rayé, du Canada*）

加拿大条纹啄木鸟羽色丰富，头顶和后颈为灰色，中间有红色覆羽，一条浅褐色带贯穿眼部，下有黑色斑纹，喉部和上胸部则呈现淡粉色，身体大部有黑色斑纹。

1. 卡宴棕啄木鸟（*Pic roux, de Cayenne*）

卡宴棕啄木鸟浑身呈棕色，羽翼和尾部偏红，周身带有黑色横斑。

2. 卡宴小型黑啄木鸟（*Petit Pic noir, de Cayenne*）

卡宴小型黑啄木鸟颜色鲜艳，头顶和上腹部为红色，眼周有一白色带状斑，体羽上部主要为蓝紫色。

2.
1.
Martinet

孟加拉绿啄木鸟（*Pic vert, de Bengale*）

孟加拉绿啄木鸟头部、喉部和胸上部为黑色且带有白色斑点，头顶后部有红色羽毛，身体下部为白色，翼上部覆羽为橄榄绿色。

果阿绿啄木鸟（*Pic vert, de Goa*）

果阿绿啄木鸟喙部十分长，头顶为红色，背部有长条纹状，从里到外依次为白、黑、橄榄绿色，白色的胸腹部有鳞状黄斑。

好望角戴胜鸟（*La huppé, du Cap de Bonne Espérance*）

戴胜鸟，戴胜科、戴胜属。体型中等，约二十六至三十二厘米，喙长 5~6 厘米，翼展约四十五厘米，体重约六十至八十克，寿命约十一年。主要在地面捕食各类昆虫和小型无脊椎动物，栖息于树洞或是山岩中，其性格温和，但倾向于与人类保持距离。主要分布在欧洲、亚洲和北非的热带或温带地区，在中国分布广泛。戴胜鸟是以色列的国鸟。好望角戴胜鸟体色单一，背部和尾部覆羽为深灰色，其余部分为白色，头顶有冠状羽毛。

地啄木（*Le torcol*）

地啄木，为鴷形目的一科，因其可将头颈毫不费力地扭转，又名扭颈鸟。其体长约十七厘米，翼展25~27厘米，重30~45克，嘴尖，形似啄木鸟，由于它并不在树上啄虫而是常在地面啄食，因此得名“地啄木”。地啄木的舌头十分长，不进食的时候舌头卷于鸟喙内部。它们喜欢捕食蚂蚁，分布在欧亚大陆的大部分地区及南美洲内部地区。在欧洲，大部分地啄木会在秋季离开欧洲迁徙至非洲地区，少部分在地中海区域过冬。

卡宴灰辉伞鸟（*Cotinga gris, de Cayenne*）

伞鸟，为雀形目、霸鹟亚目的一个科。体型中小，分布在中、南美洲新热带界地区的森林中。雄鸟大多具有艳丽羽饰，伴有冠羽或肉垂。其食性多样，有的专食昆虫，有的专食浆果，有的则为杂食性。辉伞鸟为其中一种，分布在南美洲哥伦比亚、委内瑞拉、圭亚那、苏里南、厄瓜多尔、秘鲁、玻利维亚及马尔维纳斯群岛等地。卡宴辉伞鸟体长约二十厘米，体重约六十九克，头部、后颈、背部至尾上部覆羽均为铅灰色，喉部、胸部和下腹部则为白色。

卡宴蚁鴷王（*le Roi des Fourmiliers, de Cayenne*）

蚁鴷，俗名歪脖鸟，鴷形目、啄木鸟科、蚁鴷属。栖息在山地森林、灌木丛及开阔的疏林地带，具钩端及黏液，伸入树洞或蚁巢中黏附虫豸。其口腔结构特殊，舌能自如伸缩，如剑入鞘。常以舌钩取树缝中昆虫，然后吞咽。能伸展头颈，各方扭转，行为奇特。在地面跳跃时尾上翘。在果园或较开阔草地的树洞中营巢，巢中有木屑或杂草。分布在欧洲、亚洲和非洲北部。

1. 卡宴蚁鹩（*Le Fourmillier, de Cayenne*）

蚁鹩，为雀形目中的一科，体型较小，体长约十六厘米，翼展 25 厘米，体重 30~45 克。其翼圆，爪子强壮。大部分蚁鸟物种都栖息于森林中，只有少数栖息于其他地方。主食昆虫及其他节肢动物，有时也以细小的无脊椎动物为食，分布在亚热带及热带的中美洲和南美洲，由墨西哥至阿根廷地区。

2. 卡宴鹟（*Le Carillonneur, de Cayenne*）

鹟，常见于旧大陆，体长约二十厘米，体重 26~34 克。卡宴鹟身体上部为橄榄绿色，背部与尾部连接处为棕红色，一直延升至下腹部；胸前、面颊为雪白色，带黑色斑纹。

2.
1.

1. 卡宴鷦鷯（*l'le Coraya, de Cayenne*）

鷦鷯，雀形目、鷦鷯科。体型较小，矮胖，十分活跃，羽色暗淡，多为褐色或灰色，翅膀和尾巴有黑色条斑。翅膀短而圆，尾巴短而翘。大部分身长为 10~15 厘米。喜欢居住在潮湿的地方，在森林下部活动，几乎主要以昆虫和蜘蛛为生。主要分布在南美洲。

2. 卡宴蚁鸟（*l'Alapi, de Cayenne*）

蚁鸟，雀形目、蚁鸫科。体长 10~36 厘米。两性羽色差异较大，雄鸟多为深灰色、甚至黑色，带白色斑点；雌鸟为红色或橄榄色，且都有钩状喙。主要栖息于热带雨林，以昆虫为食。分布在中美洲和南美洲。

2.
1.

1. 卡宴棕顶蚁鸫（*Le Colma,de Cayenne*）

棕顶蚁鸫，雀形目、蚁鸫科。中小型，身长 10~20 厘米。羽毛丰满，翅膀短圆，头和眼睛相对较大，短尾。羽毛大多深暗，以褐色、橄榄色、棕色、黑色和白色为主。喙适中，较厚长，末端具钩及缺刻；腿相对较长，功能强大并有力，适于地面奔走。常出现于蚂蚁行军的队伍旁，故名；但实际却很少食蚁，主要食昆虫、蜘蛛、蛙、蜥蜴等小动物。分布在中、南美洲的低地森林中。

2. 卡宴斑翅鷦鷯（*Le Banbla,de Cayenne*）

斑翅鷦鷯，雀形目、鷦鷯科。小型鸟类，身长约十二厘米。羽色以黑褐色为主，黑眼，黑喙，翅膀上有两道醒目的白色斑纹。嘴长直细弱，先端稍曲，无嘴须。鼻孔裸露，有鼻膜。翅短而圆，初级飞羽 10 枚。尾短小柔软，尾羽 12 枚。跗蹠强健，具盾状鳞，趾及爪发达。羽被柔软厚密，为褐色或灰色，翅膀和尾巴有黑色条斑。常栖息在潮湿的地方，在森林下部活动，主要以昆虫和蜘蛛为食。分布在南美洲。

2.
1.

1. 卡宴黑头姬鹟（*Figuier à tête noire, Cayenne*）

姬鹟，雀形目、鹟科。体型小，约十三厘米。尾色暗，基部外侧明显呈白色。繁殖期雄鸟胸红沾灰，但冬季难见。雌鸟及非繁殖期雄鸟呈暗灰褐色，喉近白色，眼圈带狭窄的白色。栖于林缘及河流两岸的较小树上。卡宴黑头姬鹟，顾名思义，头顶为黑色。羽色以灰色和白色为主，背羽为灰色，翅膀为黑色，尾羽为黑白两色，下体为白色。

2. 路易斯安那黄头鹡鸰（*Figuier à ventre et tête jaune, de la Louisiane*）

黄头鹡鸰，雀形目、鹡鸰科。体长约十八厘米，体型较纤细。喙较细长，先端具缺刻；翅尖长，内侧飞羽极长；尾细长，呈圆尾状，中央尾羽较外侧尾羽长。喜欢在农田土块、树洞、岩缝中筑巢，用细草根、枯枝叶、草茎、树皮等筑成，呈杯状，内铺兽毛、鸟羽等。夏季食物主要是昆虫，秋季兼食些草籽。

1.
2.
Martinet

1. 法兰西姬鹟（*Figuier, de l'île de France*）

法兰西姬鹟，羽色较浅，以灰色和白色为主。背羽为烟灰色，下体为白色，翅尖和尾部为黑色。

2. 波旁岛姬鹟（*Figuier, de l'île de Bourbon*）

波旁岛，即留尼旺岛。波旁岛姬鹟羽色较深，背羽为褐色，下体为白色，尾部和翅膀为灰色。

3. 马达加斯加姬鹟（*Figuier, de Madagascar*）

马达加斯加羽色为灰色，尾羽为黑色，翅端略带黑色，外形与法兰西姬鹟极为相似。

1.
2.
3.

1. 卡宴蚁鸫（*le Beffroi, de Cayenne*）

蚁鸫，雀形目、蚁鸫科。中、小型，身长 10~20 厘米。羽毛丰满，喙适中，较厚长，末端具钩及缺刻；翅膀短圆，头和眼睛相对较大，腿相对较长，尾巴短，适于地面奔走。羽色大多深暗，以褐色、橄榄色、棕色、黑色和白色为主。常出现于蚂蚁行军的队伍旁，故名；但实际上却很少食蚁，主要食昆虫、蜘蛛、蛙、蜥蜴等小动物。分布在中、南美洲的低地森林中。卡宴蚁鸫，上体为褐色，下体为白色。

2. 卡宴歌鷦鷯（*le Musicien, de Cayenne*）

歌鷦鷯，体长 12 厘米，体重 18~24 克，为小型鸣禽。嘴长直细弱，先端稍曲，无嘴须。鼻孔裸露被有鼻膜。翅短而圆，尾短小柔软。跗蹠强健，具盾状鳞，趾及爪发达。羽被柔软厚密，为褐色或灰色，翅膀和尾巴有黑色条斑。鸣声清脆响亮，是鷦鷯中叫声最妙的佼佼者，声音纯净、清晰。喜欢居住在潮湿的地方，在森林下部活动，主要以昆虫和蜘蛛为食。分布在南美洲。卡宴歌鷦鷯，上体呈浅褐色，有横纹，下颌和颈部为橙色，颈部两侧为黑色，具白斑。

2
1.

1. 卡宴蚁鵙（*le Manikup, de Cayenne*）

蚁鵙，美洲热带食虫鸟，体型较小，翼短。羽衣蓬松，呈黄褐色（两性通常不同）。大部分物种都是呈黑色、白色、赤色、栗色及褐色。羽毛为单一颜色或带有斑纹和斑点。雄鸟和雌鸟都有钩状喙。常在地面或低矮树枝上活动，多数种类在地面觅食。喜食昆虫，其中一些物种专喜食蚂蚁，或追随蚁群啄食被蚁群驱赶出来的昆虫和小型节肢动物。其名字源于喜爱跟随蚁群的习性。有些种类是拉丁美洲最常见的鸟类之一。它们是分布在中美洲和南美洲的不迁徙鸟类，主要栖息在潮湿的低地雨林。

2. 新几内亚娇鹟（*le Manikor, de la nouvelle Guinée*）

起初给这一物种命名的时候，人们认为它是 manakin（学名 Pipridae，娇鹟）的一种，后来才发现这是索雷哈（Sonerat）先生从几内亚引入的新物种。这一新物种与娇鹟不同，它尾部中间的羽毛比两侧的短，并且在鸟喙上颚没有一个半月形凹口，而这是所有娇鹟都有的。新几内亚娇鹟上体羽毛为黑色，带有绿色光泽；下体羽毛为白色，胸部有大块橙色斑点，一直延伸到腹部。鸟喙和爪子均为黑色。

2.
1.
Martinet

1. 朗格多克山雀（*Mésange, du Languedoc*）

山雀，体型较麻雀纤细，常栖息于平原、丘陵、盆地等，在山地林区数量更多。羽色暗淡，大多以灰褐和棕灰色为主，它们的鸣声差异极为显著，易于分辨。多筑巢于树洞或房洞中，在林间取食昆虫，且多为害虫，是农业、林业所欢迎的对象。朗格多克山雀，羽色较浅，背羽浅灰，翅膀和尾羽深灰略带黑色，下体羽毛为白色。

2. 卡宴冠山雀（*Mésange huppée, de Cayenne*）

冠山雀，山雀的一种。长约十一点五厘米，重 10~13 克。冠山雀很易辨认。头顶有一个直立的冠，顶端弯曲，颈部独特。平时像煤山雀般吱吱地叫。它们经常在树下觅食，很易发现。它们会与其他的山雀一同生活。主要以昆虫（包括毛虫）及种子为食。它们广泛分布在中欧及北欧的针叶林，以及法国和伊比利亚半岛的落叶林中。它们是留鸟，并不会迁徙。 卡宴冠山雀，羽色以灰褐色为主，冠羽为黄色，下腹部略带黄色。

3. 西伯利亚山雀（*Mésange de Sibérie*）

西伯利亚山雀，羽色以灰褐色为主，腹部为橙红色，颈部两侧为白色。

2.
3.
1.
Martinet

1. 路易斯安那莺（*Fauvette tachetée, de la Louisiane*）

雀形目，是小型鸣禽，体型纤细瘦小，嘴细小，羽色大多比较单纯，栖息于多种环境中，鸣叫声尖细而清晰。体部的毛呈黄色，翅膀上和尾部有黑毛，眉毛黑，嘴尖，脚部色青。往往雄鸟与雌鸟一起飞翔。立春后它们开始鸣叫，在小麦黄桑椹熟了的季节叫得最欢，声音圆滑，好听。路易斯安那莺，羽色以灰褐色为主，略带斑点。头顶呈黄色，背羽呈浅褐色，尾部略带黄色，胸部呈白色，略带斑点。

2. 路易斯安那黄胸莺（*Fauvette à poitrine jaune, de la Louisiane*）

因其胸部羽色为黄色而得名。体羽以褐色为主，前额和眼周呈黑色，头顶呈白色，下腹部略带橙色。

1.
2.
Martinet

布宜诺斯艾利斯深紫唐纳雀（*Le Tangavio, de Buénos~Ayres*）

之前被命名为鸦，但是它与鸦的特征不一致，它更像唐纳雀（Tangara）。其羽色为深紫色，并且在腹部和尾部带有绿色光泽，因此将其命名为紫色唐纳雀。体长约二十一厘米，喙为黑色，尾羽不分层，尾部长约八厘米，跗节长约二点七厘米。跗节和脚趾均为黑色。脚趾大而有力。雌鸟头羽为黑色，带有光泽，其他部位羽毛均为棕色，在上体和尾部羽毛上有黑斑。

卡宴红色唐纳雀（*Le Tangaroux, de Cayenne*）

卡宴红色唐纳雀，因其体羽为红褐色而得名。

好望角云雀（百灵鸟）（*Le Sirli, du Cap de Bonne~Espérance*）

云雀，形似麻雀，雄性和雌性的相貌相似。背部呈花褐色和浅黄色，胸腹部呈白色至深棕色。外尾羽呈白色，尾巴呈棕色。后脑勺具羽冠。适应于地栖生活，腿、脚强健有力，后趾具一长而直的爪；跗跖后缘具盾状鳞。它们以植物种子、昆虫等为食，常集群活动。繁殖期雄鸟鸣啭洪亮动听，是鸣禽中少数能在飞行中歌唱的鸟类之一。求偶炫耀飞行复杂，能“悬停”于空中。它们在地面以草茎、根编碗状巢，生活在草原、荒漠、半荒漠等地。云雀是丹麦、法国的国鸟。

新几内亚鹦鹉（*Perroquet, de la Nouvelle Guinée*）

鹦鹉是典型的攀禽，对趾型足，两趾向前两趾向后，适合抓握。鸟喙强劲有力，可以食用硬壳果。羽色鲜艳。主要生活在热带、亚热带。鹦鹉中体形最大的当属紫蓝金刚鹦鹉，身长可达一百厘米，最小的是蓝冠短尾鹦鹉，身长仅有 12 厘米，这些鹦鹉携带巢材的方式很特别，它们将巢材塞进很短的尾羽中，同类的其它的情侣鹦鹉，也是用这种方式携材筑巢的材料。新几内亚鹦鹉羽色鲜艳，鸟喙为红色，头部为绿色，背羽为蓝色，腹部羽毛呈褐色。

1. 路易斯安那绿唐纳雀（*Tangara olive,de la Louisiane*）

绿唐纳雀，为裸鼻雀科珍稀鸟类，分布在中美洲和南美洲，包括哥伦比亚、委内瑞拉、圭亚那、苏里南、厄瓜多尔、秘鲁、玻利维亚、巴拉圭、巴西、智利、阿根廷、乌拉圭，以及马尔维纳斯群岛。路易斯安那绿唐纳雀，羽色以橄榄绿为主。上体羽色为橄榄绿色，下体羽色为白色，翅膀为黑、白两色，略带橄榄绿色。

2. 卡宴黑领唐纳雀（*Tangara à cravate noire,de Cayenne*）

唐纳雀，长 9~28 厘米，重 8.5~114 克。体羽差异较大，一般以褐色、灰色、暗黄色、暗绿色为主。通常雌鸟着色不如雄鸟醒目，而雄鸟会常年保留鲜艳的体羽；但在其下许多种类中，两性相似，雌鸟和雄鸟一样拥有亮丽的羽色。一般食昆虫、果实、种籽和花蜜。主要分布在西半球，从加拿大至南美洲南端，以及安的列斯群岛、高夫岛、英纳塞西布岛、南丁格尔岛；常见于热带地区。

黑领唐纳雀因颈部黑色领带状羽毛而得名，上体羽毛呈深灰色，下体羽毛呈浅灰色。

1.
2.
Martinet

路易斯安那冠翠鸟（*Marlin~pêcheur huppé, de la Louisiane*）

冠翠鸟，为非洲最常见的翠鸟之一，体长约十三厘米，体重 12~18 克。广泛分布在非洲撒哈拉沙漠以南。冠翠鸟形似普通翠鸟，不过体形略小，嘴为红色而不是黑色，头上的羽毛可以竖起成冠状，因而得名。顶冠的羽毛呈黑色和淡蓝色或蓝绿色，杂有白点。栖息于水边或海岸的岩石上。性孤独，常独栖。食物以小鱼为主。路易斯安那冠翠鸟羽色以灰色为主，头部、背部及尾部羽色均为灰色，喉部和颈部为白色，下腹部有褐色横斑。

好望角冠翠鸟（*Marlin~pêcheur huppé, du Cap de Bonne~Espérance*）

好望角冠翠鸟，羽色较路易斯安那冠翠鸟深，主要为黑白灰色，头顶黑冠，眼周有白斑，背羽为深灰色，有白色横斑，喉部及腹部为白色，颈部为黑色。

卡宴红冠黑啄木鸟（*Pic noir huppé, de Cayenne*）

黑啄木鸟，鴷形目、啄木鸟科。主要分布在南美洲。卡宴红冠黑啄木鸟，头顶红冠，羽色为黑色，腹部有条纹。颈部两侧有白斑，从喙延续到翅膀。

路易斯安那红冠黑啄木鸟（*Pic noir huppé, de la Louisiane*）

黑啄木鸟，鴷形目、啄木鸟科。主要分布在南美洲。路易斯安那红冠黑啄木鸟羽色为黑色，头顶红冠，喉部为白色，颈部两侧有白斑。

卡宴大斑啄木鸟（*Grand Pic Rayé, de Cayenne*）

大斑啄木鸟，又名赤鴷、花啄木、白花啄木鸟、啄木冠、叼木冠。小型鸟类，体长20~25厘米。羽色较杂，上体主要为黑色，额、颊和耳羽呈白色，肩和翅上各有一块大的白斑。尾呈黑色，外侧尾羽具黑白相间的横斑，飞羽亦具黑白相间的横斑。下体呈污白色，无斑；下腹和尾下覆羽呈鲜红色。雄鸟枕部呈红色。由于本物种喜食很多林业害虫，因此被誉为“森林医生”。

好望角蛇鹫（*Le Messager, du Cap de Bonne~Espérance*）

蛇鹫，身体像鹰，脚像鹤，喙呈钩状，双翼很圆。体型高大，身高约一百三十厘米，身长约一百四十厘米。颈部不长，蹲下才可以喝水。飞羽及大腿都是黑色的，大部分的底部都是灰色或白色的。两性相似，两性少许异形，雄鸟头羽及尾羽较长。成鸟面部没有羽毛且呈红色，幼鸟面部为黄色。飞行时外观像鹤。因其冠像以往秘书把羽毛笔放在耳上的姿态，又被称作秘书鸟。蛇鹫是撒哈拉以南非洲的特有种，是留鸟。

1. 卡宴黑喉鵙唐纳雀（*Tangara à gorge noire, de Cayenne*）

唐纳雀，长 9~28 厘米，重 8.5~114 克。体羽差异较大，一般以褐色、灰色、暗黄色、暗绿色为主。通常雌鸟着色不如雄鸟醒目，而雄鸟会常年保留鲜艳的体羽；但在许多种类中，两性相似，雌鸟和雄鸟一样拥有亮丽的羽色。一般食昆虫、果实、种籽和花蜜。主要分布在西半球，从加拿大至南美洲南端，及安的列斯群岛、高夫岛、英纳塞西布岛、南丁格尔岛；常见于热带地区。黑喉鵙唐纳雀因其喉部羽色为黑色而得名。其背羽为暗绿色，胸部羽色为暗黄色。

2. 卡宴黑顶唐纳雀（*Tangara à coiffe noire, de Cayenne*）

黑顶唐纳雀，脊索动物门、裸鼻雀科，因其头顶为黑色而得名。 上体羽色为浅蓝色，下体羽色为白色。分布在南美洲，包括哥伦比亚、委内瑞拉、圭亚那、苏里南、厄瓜多尔、秘鲁、玻利维亚、巴拉圭、巴西、智利、阿根廷、乌拉圭，以及马尔维纳斯群岛。

1.
2.
Martinet

路易斯安那燕（*Hirondelle, de la Louisiane*）

燕子，是雀形目、燕科74种鸟类的统称。形小，翅尖窄，凹尾短喙，足弱小，羽毛不算太多。羽衣单色，或有带金属光泽的蓝或绿色；大多数种类两性都相似。燕子是最灵活的雀形类之一，主要以蚊、蝇等昆虫为主食，是众所周知的益鸟。在树洞或缝中营巢，或在沙岸上钻穴，或在城乡把泥黏在楼道、房顶、屋檐等的墙上或突出部上为巢。燕子还是诸多文艺形式表现的重要对象。

卡宴绿巨嘴鸟（*Toucan vert, de Cayenne*）

绿巨嘴鸟，中型攀禽，分布在中美洲和南美洲。外形略似犀鸟，体羽以绿色为主。棕顶，喙极大，上体为金黄色，下体为黑色，在喙的基部有红斑。不同的亚种喉部不一样，有蓝色、白色之分。鸟喙虽大，但重量较轻，不足三十克。杂食性，以果实、种子和昆虫为食。嘴骨构造特别，外面是一层簿壳，中间贯穿着极细纤维，为多孔的海绵状组织。鸣声冗长，为最喧闹的森林鸟。卡宴绿巨嘴鸟腹部羽色为柠檬黄色，鸟喙为黑色，上部中央为黄色，眼周为白色。

1. 好望角斑沙燕 (*Hirondelle brune à collier, du Cap de Bonne~Espérance*)

斑沙燕，体型较小，体长约十二厘米，褐色燕。下体白色并具一道特征性的褐色胸带。亚成鸟喉呈皮黄色，虹膜呈褐色，嘴和脚呈黑色。其 叫声尖锐。分布在非洲中南部地区，包括阿拉伯半岛的南部、撒哈拉沙漠（北回归线）以南的整个非洲大陆。

2. 好望角大纹燕 (*Hirondelle à tête rousse, du Cap de Bonne~Espérance*)

大纹燕，雀形目、燕科，小型鸣禽。尾凹喙短，呈圆锥形，上下喙边缘不紧密切合而微向内弯，因而切合线中略有缝隙。翅尖窄。 腹部为白色，背部呈黑色，头为红色，腰部为红白色。成年雄鸟羽毛鲜明，雌鸟和幼鸟羽毛相同。通常在光线充足的林地和灌木丛树栖。非繁殖期常集群活动，繁殖期在地面或灌丛内筑碗状巢。一般主食植物种子。分布在非洲中南部地区，包括阿拉伯半岛的南部、撒哈拉沙漠（北回归线）以南的整个非洲大陆。

1.
2.

1. 卡宴红肚燕（*Hirondelle à ventre roux, de Cayenne*）

红肚燕，雀形目，燕科，腹部羽毛呈红棕色，头部为红棕色和黑色，其它部分羽毛为黑色。

2. 卡宴白肚燕（*Hirondelle à bande blanche sur le ventre, de Cayenne*）

白肚燕，雀形目、燕科，外形与红燕无明显区别，因其腹部有狭长的白色羽毛，故称为白肚燕。

1.
2.

1. 路易斯安那雨燕（*Martinet, de la Louisiane*）

雨燕是飞翔速度最快的鸟类，常在空中捕食昆虫，翼长而腿脚弱小。大部分种类为暗淡的黑色或褐色，不少带有醒目的白色或浅色斑纹。鸣声尖锐刺耳。以飞虫和其它空中的节肢动物为食。空中觅食的种类很少栖息，偶尔栖息在树枝上。雨燕分布广泛，有些种类在高纬度地区繁殖而到热带地区越冬，是著名的候鸟，有些则是热带地区的留鸟。雨燕科下共有 18 属 84 种。路易斯安那雨燕的尾为叉尾，羽毛呈单一的黑褐色。

2. 卡宴环颈（白颈）雨燕（*Martinet à collier, de Cayenne*）

环颈（白颈）雨燕，为雨燕目中的一个科，体长约九至二十三厘米，羽毛呈黑褐色，颈部和腹部有少许白色。

2.
1.

1. 卡宴针尾雨燕（*Hirondelle à queue poitue, de Cayenne*）

针尾雨燕，形态体形似燕，但较燕大而壮实。体羽呈黑褐色，颏与喉呈白色或烟灰色；跗蹠裸露，趾爪强健而弯曲；翼尖长，第一片初级飞羽最长；尾叉状，尾羽羽干坚硬延长成针状。卡宴针尾雨燕，上体呈黑色，下体呈黑褐色，喉部和尾部呈烟灰色。

2. 路易斯安那针尾雨燕（*Hirondelle à queue poitue, de la Louisiane*）

路易斯安那针尾雨燕尾部颜色较卡宴针尾雨燕深，为黑褐色，形成的针羽更长。

1.
2.

卡宴雌绿巨嘴鸟（*Femelle du Toucan vert, de Cayenne*）

雌绿巨嘴鸟头颈羽色为红棕色，鸟喙上部为黄色，腹部为柠檬黄色。

卡宴灰肚巨嘴鸟（*Toucan à ventre gris, de Cayenne*）

巨嘴鸟，习称鵎鵼。体长约六十七厘米；嘴巨大，长 17~24 厘米，宽 5~9 厘米，形似嘴刀。卡宴灰肚巨嘴鸟，顾名思义，肚子上的羽毛呈灰色。上半部三分之二为黑色，其余部分为红色；下半部三分之一为黑色，其余为红色。眼睛四周镶嵌着粉红色羽毛眼圈，胸脯为灰色，背部呈墨绿色，色彩艳丽和惊人的大喙使其观赏价值极高。杂食性，但主食浆果。在树洞营巢。主要分布在南美洲热带森林中，尤以亚马逊河口一带为多。

1. 路易斯安那戴菊莺（*Roitelet, de la Louisiane*）

戴菊莺是卢森堡的国鸟。戴菊莺分布广泛，歌声动听，体态轻巧，体重只有6~7克，十分惹人喜爱。它们喜欢在松、杉幼林地带活动。其主要食物是小型蜘蛛和昆虫，捕虫能力比燕子强得多，一只戴菊莺一年能消灭一千万只虫子，这对保护森林、庄稼有重要意义，所以严禁枪打和捕捉戴菊莺雏鸟，以发挥“以鸟治虫”的作用。路易斯安那戴菊莺，上体羽毛为红褐色，下体羽毛为白色，眼周有白毛，呈带状，一直延续到颈部。

2. 布宜诺斯艾利斯戴菊莺（*Roitelet, de Buénos~Aryes*）

布宜诺斯艾利斯戴菊莺，下体为白色，背羽为浅棕色，有黑色横斑。

2.
1
Martinet

1. 卡罗来纳灰姬鹟（*Figuier cendré, de la Caroline*）

姬鹟，为体型小的褐色鹟，体长约十三厘米。尾色暗，基部外侧呈明显白色。繁殖期雄鸟胸部红沾灰，但冬季难见。雌鸟及非繁殖期雄鸟呈暗灰褐色，喉近白，眼圈狭窄且呈白色。遇警时发出粗糙的“trrrt”声、静静的“tic”声及粗哑的“tzit”声。栖息于林缘及河流两岸的较小树上，有险情时冲至隐蔽处。尾展开时显露出基部的白色并发出粗哑的咯咯声。卡罗来纳灰姬鹟，下颌及前胸羽色为黄色，腹部为白色，背羽为绿色，尾羽为灰色。

2. 马达加斯加姬鹟（*Figuier, du Madagascar*）

马达加斯加姬鹟，羽色以黑灰色为主，下体为白色，头顶和尾部略带绿色。

圭亚那山羊头夜鹰（*Crapaud~Volant en tête~chèvre, de Guyane*）

夜鹰，嘴短宽，可以张得很大，有发达的嘴须。眼睛较大。鼻孔是管形的。身体羽毛柔软，呈暗褐色，有细细的横斑，喉部有白斑。雄鸟尾上也有白斑，飞行时特别明显。中趾上长有梳子一样的缘。有灰、褐或红褐的保护色。听觉和视觉都很敏锐。食会飞的昆虫，夜间在飞行中将其捕食。有“保护色”，使它在树上停栖时不易被发现。几乎分布在全世界的温带和热带地区。圭亚那山羊头夜鹰因其头像山羊头而得名。

圭亚那红山羊头夜鹰（*Crapaud~Volant en tête~chèvre rousse, de Guyane*）

圭亚那红山羊头夜鹰因其头像山羊头且羽色为红色而得名。

卡宴斑点小夜鹰（*Petit Crapaud~Volant tacheté, de Cayenne*）

小夜鹰，为夜鹰科、小夜鹰属的一种鸟类。分布在南美洲。斑点小夜鹰，因其羽毛带有斑点而得名。卡宴斑点小夜鹰，羽色以黑色和褐色为主，带有横斑。

卡宴山羊头夜鹰（*Crapaud~Volant en tête~chèvre, de Cayenne*）

卡宴红尾咬鹃（*Couroucou à queue rousse, de Cayenne*）

咬鹃，小型攀禽。异趾形，一、二趾向后，三、四趾向前。羽色艳丽，具金属光泽。树栖性，善爬不善走、跳，飞行能力不强，不迁徙。以果实或昆虫为食。咬鹃是森林和林地最原始的鸟类。皮肤非常脆弱，而且羽毛也很容易被破坏，即使是用手轻轻地触碰也可能会导致羽毛脱落。主要分布在拉丁美洲、非洲和东南亚。卡宴红尾咬鹃，因其尾部羽色为红色而得名。头部至背部中央为红褐色，翅膀上方为麻灰色，末端为黑色，腹部为奶黄色。

卡宴长尾灰咬鹃（*Couroucou gris, à longue queue, de Cayenne*）

卡宴长尾灰咬鹃，顾名思义，羽色暗淡，以灰色为主，下体羽色浅，上体羽色较深。尾长，约占到整个身体的一半。

1. 布宜诺斯艾利斯小云雀 (*Petite Alouette, de Bouenos~Aryes*)

小云雀，为百灵科、云雀属的鸟类，共有 12 个亚种。身长约十六厘米。它们具耸起的短羽冠，上有细纹。上体呈沙棕或棕褐色、满布黑褐色羽干纹。其中头顶和后颈黑褐色纵纹较细、棕色羽缘较宽，羽色显得较淡，背部黑色纵纹较粗著。眼先和眉纹呈棕白色，耳羽呈淡棕栗色。下体呈淡棕色或棕白色，胸部棕色较浓，密布黑褐色羽干纹。嘴呈褐色，下嘴基部呈淡黄色，脚呈肉黄色。主要栖息于开阔平原、草地、低山平地、河边、沙滩、草丛、坟地、荒山坡、农田和荒地，以及沿海平原。

2. 恩策那达黑色小云雀 (*Alouette noire, de la Encenada*)

小型鸟类，体长 14~17 厘米。上体呈沙棕色或棕褐色，具黑褐色纵纹，头上有一短的羽冠，当受惊竖起时才明显可见。下体呈白色或棕白色，胸呈棕色且具黑褐色羽干纹。相似种云雀和小云雀非常相似，在野外几难区别，但云雀体型较大，胸呈棕白色，上体呈棕色且较淡。

1.
2.

布宜诺斯艾利斯橙色鸫（*Le Fournier, de Buénos~Aryes*）

鸫，中小型鸣禽，由鸫、和平鸟、鸲等所组成。体型和生活方式有一定差异，多在地面栖息，善于奔跑，但也善于飞行及树栖，善于鸣叫。鸫科除南极洲外在世界各地均有分布。有较强的鸟喙，尾巴通常是中长形，羽色不同，一般较暗，灰色、棕色到黑色，也有颜色鲜艳的一些物种。嘴短健，嘴缘平滑，上嘴前端有缺刻或小钩，善于鸣叫。鼻孔明显，不为悬羽所掩盖，有嘴须。主要栖息于森林、冻原、荒漠、农田。

马达加斯加环颈蜂虎（*Guêpier à collier, de Madagascar*）

蜂虎，因嗜食蜂类而得名。中等大小，嘴形细长而下弯，先端尖，嘴峰有棱脊；脚细弱；初级飞羽10片，尾羽12片；翅膀长度适中，腿短，有些种类尾部有飘带。羽色艳丽，两性相似，幼鸟似成鸟。生活于村庄附近丘陵林地，树栖性，以空中飞虫为食，特别喜吃蜂类，在山地土壁挖隧道为巢。该科鸟类遍布旧大陆的热带和温带区域。休息时多栖立于高枝顶端。马达加斯加环颈蜂虎，背部羽毛呈褐色，向后渐淡，胸部羽毛为蓝色，带棕色波点。

密西西比唐纳雀（*Tangara, du Mississipi*）

唐纳雀，雀形目、裸鼻雀科。羽色极为多样化，从多种鲜艳的着色至灰色、橄榄色、黑色和白色。两性或相似或迥异。一般食昆虫、果实、种籽和花蜜。分布在西半球，从加拿大至南美洲南端，此外还包括安的列斯群岛以及南大西洋的高夫岛、英纳塞西布岛、南丁格尔岛；大部分见于热带地区。密西西比唐纳雀，羽色鲜红，背部略带黑色，翅膀和尾部有黑色竖纹。

圭亚那唐纳雀（*Tangara, de la Guiane*）

圭亚那唐纳雀，头部羽毛多为白色，颈部有黑色颈环，眼睛上方和下方有狭长黑色条纹，背部直至尾部羽毛均为墨绿色，翅膀两侧呈黄色，胸部和腹部羽毛为白色。

马鲁古虎皮鹦鹉（*Perruche, des Moluques*）

虎皮鹦鹉，为鹦形目、鹦鹉科的小型攀禽品种。原产于澳大利亚的内陆地区，野生虎皮鹦鹉一般以各种植物的种子、浆果及植物的嫩芽、嫩叶为食，到秋季飞到田间啄食谷物。繁殖期为 6~1 月。营巢于树洞中。每窝产卵 4~8 枚，孵化期为 18 天。虎皮鹦鹉是全世界最普遍的宠物鸟，品种繁多，顽皮可爱，受到大众喜爱。马鲁古虎皮鹦鹉，羽色鲜艳，以绿色为主，头部为蓝色，喙为白色，胸部为红色。

卡宴黑头虎皮鹦鹉（*Perruche à tête noire, de Cayenne*）

毛色和条纹犹如虎皮一般，所以称为虎皮鹦鹉。卡宴黑头虎皮鹦鹉最大的特点是头为黑色，鸟体为黄绿色，颈部有黄色颈环。

秘鲁岩鸟（*Coq~de~roche, de Pérou*）

秘鲁岩鸟长相俊美，常年栖息于岩石中，但它们常常从同性恋中获取快乐。据估计，大约百分之四十的雄鸟曾有过某种形式的同性恋行为，另有一小部分根本就不曾和异性交配过。

卡宴雌岩鸟（*Femelle du Coq~de~roche, de Cayenne*）

与秘鲁岩鸟相比，卡宴雌岩鸟羽色暗淡、单一，鸟体为灰褐色。

1. 卡宴斑点拟啄木鸟（*Barbu à ventre tacheté, de Cayenne*）

拟啄木鸟科分为蓝喉拟啄木鸟、金喉拟啄木鸟、黄纹拟啄木鸟、黑眉拟啄木鸟、赤胸拟啄木鸟、蓝耳拟啄木鸟、绿拟啄木鸟和大拟啄木鸟八大类。卡宴斑点拟啄木鸟，胸部以下羽毛带有斑点，颈部为黄色。

2. 塞内加尔拟啄木鸟（*Barbu, Sénégal*）

塞内加尔拟啄木鸟，上体羽毛为灰褐色，下体羽毛为白色，颈部为黄色。

2.
1.
Martinet

1. 恩策纳达雄啄木鸟（*Pic mâle , de la Encenada*）

恩策纳达雄啄木鸟，头大颈长，嘴硬而直，呈凿形，舌长能伸缩，先端列生短钩；脚短，具 3 或 4 趾；尾平或呈楔状，羽干坚硬富有弹性。除大洋洲和南极洲外，均可见到。嘴巴又长又硬，舌头细长，长满倒刺，布满粘液，可以在树上凿孔，准确无误地把害虫钩出来。以蛀食树干的天牛、透翅蛾、吉丁虫等害虫为食，被称为“森林医生”。恩策纳达雄啄木鸟，羽毛呈灰白色，翅尖略带红棕色，眼部上方有狭长红色带，体型较小啄木鸟大。

2. 马鲁古小啄木鸟（*Petit Pic des Moluques*）

马鲁古小啄木鸟，羽色单一暗淡，眼部周围羽毛呈白色。体形较恩策纳达雄啄木鸟小。

2.
1.
Martinet

水秧鸡（*Le Rasle d'eau*）

水秧鸡，为鹤形目、秧鸡科体瘦长的沼泽鸟类，原产于欧洲及亚洲大部分地区。体长约二十八厘米，喙中等长度。体侧具黑白条纹。水秧鸡一词又泛指水秧鸡所属一族的所有种类。水秧鸡的喙与秧鸡族（Rallini）种类的相比则较长，藉此可鉴别。

热内秧鸡（*Le Râle, de Genet*）

秧鸡，鹤形目、秧鸡科，一百三十多种瘦小的沼泽鸟类总称。形状稍似鸡，翅短圆，尾短，脚大，趾长。除高纬度地区外，遍布全球。体型大小变化很大，小者如麻雀，体长约十一厘米；大者如小鸡，体长约四十五厘米。栖息于稠密的草丛中，鸣声响亮，夜间尤然。颊部为白色，嘴狭长，尾巴短。多生活在水田边和水泽边，夏至后每每整夜鸣叫，8、9月停止鸣叫。体型瘦小，便于穿越芦苇和沼泽草丛。羽色单一暗淡，主要为暗灰褐色。许多种类具有横斑。

田鸡（*La Marouelle*）

田鸡是秧鸡科的一个属别，广泛分布在世界各地。本属鸟类喙粗短，体羽的颜色上变化较大，但其基本羽色为：上体均为黑色并有各种白纹，下体均为灰色并有橄榄褐色条纹。栖息于低山丘陵和林缘地带的水稻田、溪流、沼泽、草地、苇塘及其附近草丛与灌丛中，有时也出现在林中草地和河流两岸的沼泽及草地上。主要以水生昆虫和其它小型无脊推动物为主食。

卡宴红肚秧鸡 (*Râle à ventre roux, de Cayenne*)

卡宴红肚秧鸡，因其肚上羽毛为红色而得名，头顶羽毛亦为红色，眼周为白色。

1. 路易斯安那斑莺（*Fauvette tachetée, de Louisiane*）

莺科，为雀形目的小型鸣禽。体型纤细瘦小，嘴细小，羽色大多比较单纯。栖息于多种环境中，林区、灌丛和沼泽地等，鸣叫声尖细而清晰。以昆虫为食。路易斯安那斑莺，因其胸部和腹部羽色带有斑点而得名。羽色单一，背部呈黑色，尾部呈棕色。

2. 好望角斑莺（*Fauvette tachetée, du Cap de Bonne~Espérance*）

好望角斑莺，胸部和腹部羽色带有斑点，体型较路易斯安那斑莺小。背部羽毛为灰褐色。尾细长，其长度大概占到整个身体的一半。

2.
1.

弗吉尼亚斑啄木鸟，雄鸟（*Pic varié mâle, de Virginie*）

斑啄木鸟，一种具有黑背、白肩、红色尾下覆羽和白色翼斑的杂色啄木鸟。两性差异是雄鸟的枕部为猩红色。喙强而尖直；脚趾 4 枚，两前两后，彼此对生，爪甚锐利；尾羽坚挺，富有弹性。斑啄木鸟的举止动作常常显得急燥不安，生性孤傲，愿意独来独往，即使与同类平时也避免任何接触，互不交往。夏季专门啄吃蠹虫、天牛幼虫、木蠹蛾和破坏树干木质部的昆虫。冬、春两季因捕虫困难，常以浆果、松实为食。

冠鹭（*Le Héron huppé*）

鹭是鸟类的一科，翼大尾短，嘴直而尖，颈和腿很长。飞行能力强，飞行时，颈收缩于肩间，成驼背状，脚向后伸直。栖止于树上时，缩颈也呈驼背状。啄食鱼类、两栖类、昆虫和甲壳类动物。常一脚站立于水中，另一脚曲缩于腹下。

冠鹭，羽冠呈黑色；颈细长，呈白色，有黑斑。羽色暗淡，呈灰黑色。

1. 吕宋岛小冠翠鸟（*Petit Martin~pêcheur huppé, de l'île de Luçon*）

冠翠鸟是非洲最常见的翠鸟之一，广泛分布于非洲撒哈拉沙漠以南。冠翠鸟的样子也很像普通翠鸟，不过体形略小，嘴为红色而不是黑色，头上的羽毛可以竖起成冠状，因而得名。顶冠的羽毛呈黑色和淡蓝色或蓝绿色，杂有白点。性孤独，喜独栖息于水域或海岸的岩石上，以小鱼为食。

小冠翠鸟因其体型较冠翠鸟小而得名。吕宋岛小冠翠鸟背羽为蓝色，嘴为红色，颈部及胸部为白色，腹部为红色。顶冠的羽毛呈黑色，杂有白点。

2. 卡宴小绿鱼狗（*Petit Martin~pêcheur vert, de Cayenne*）

绿鱼狗，佛法僧目、翠鸟科。其翅膀羽毛有白色斑点，是最常见一种翠鸟。几乎所有的淡水和咸水区都有分布，特别是沿溪流有树木的地方。其分布区覆盖了整个中美洲，食物以小鱼为主。

卡宴小绿鱼狗成年雄鸟，额头和眼先呈黑色，头顶端深绿色呈古铜光泽。翅膀羽毛有白色斑点。下颏和喉咙是红色和黑色相间。腹部呈红色，腹部中央有部分白色，翅膀呈绿色，两翼羽端呈暗绿色。尾部呈绿色和白色。黑嘴，虹膜呈深棕色，腿呈深灰色。

3. 雌鸟（*Sa famelle*）

成年雌鸟，头顶端和雄鸟相似，下部完全不同。雌鸟喉咙是奶油或浅黄色，上胸部是红色，腹部呈浅黄色。体形较大。嘴长而侧扁，峰脊圆；鼻沟显著；翼尖，第 1 枚初级飞羽较第 2 枚短，第 2 或 3 枚最长；尾较嘴长。

1.
2
3.

爪哇翠鸟（*Martin~pêcheur, de Java*）

翠鸟，中型水鸟，嘴粗直，长而坚，嘴脊圆形，因背和面部的羽毛翠蓝发亮，因而通称翠鸟。体形矮小短胖。食物以鱼类为主，兼吃甲壳类动物和多种水生昆虫。性孤独，常独栖于岩石或水域边。翠鸟扎入水中后，还能保持极佳的视力，因为它的眼睛进入水中后，能迅速调整水中因为光线造成的视角反差，捕鱼本领很强，所以又叫鱼狗、钓鱼郎。

爪哇翠鸟，羽色鲜艳：喙为红色，长而直；背部浅蓝；翅膀和尾部颜色较深；颈部以下为浅黄色，十分漂亮。

夜莺（*Le Bihoreau*）

夜莺，雀形目、鹟科。其羽色多为灰褐色，是观赏鸟的种类之一。尽管羽色并不绚丽，但其鸣唱非常出众，音域极广。夜莺是少有的在夜间鸣唱的鸟类，故得其名。体长 16~17 厘米，重量 16~19 克。常栖于河谷或灌木丛林。科学家发现，为了盖过市区的噪音，夜莺在城市里或近城区的叫声更加响亮。夜莺遍布欧洲、东抵阿富汗、南至地中海、小亚细亚、非洲西北部、冬至非洲热带地区、中国台湾屏东县麟洛乡及中国大陆的新疆等地。

雌夜莺（*Femelle du Bihoreau*）

雌夜莺通常在灌木丛或树丛里筑草巢，巢形如杯子，内侧衬有草杆和树叶，每窝产 4 或 5 枚蓝绿色的蛋。雄夜莺可谓是歌唱家，其鸣叫声高亢明亮、婉转动听，且可持续几个小时。夜莺在白天和黑夜都会鸣叫。

卡宴夜鹰（*Crapaud~volant varié, de Cayenne*）

卡宴夜鹰，身体羽毛柔软，呈暗褐色，有细形横斑，喉部有白斑。嘴短，嘴裂阔，口须长，眼睛较大。它们主食会飞的昆虫，夜间在飞行中将其捕食。白天常常蹲伏在树木众多的山坡或树枝上，当在树上停栖时，身体贴伏在枝上，有如枯树节，所以俗称贴树皮。

勘察加（大喙）海鸭（*Macareux de Kamchatka*）

海鸭，学名潜鸟，向前三趾间有蹼，体形似鸭，善于潜水，不善飞行和步行。体长约六十厘米。冬夏羽色有差异。头顶羽呈灰色，冬羽贯以黑褐纵纹，后颈呈乌褐色；上体其余部分、两翼、尾均为黑褐色，下体部分及头颈肚为纯白色。常栖息于海滨，主食鱼类。海鸭蛋卵磷脂含量是普通鸡蛋的 6 倍，而胆固醇含量只有普通鸡蛋的 50%。

（大喙）海鸭，海鸟，羽毛颜色为黑、白两色，喙颜色鲜艳。喜群居，生活在北大西洋的温带地区。

西伯利亚长尾贼鸥（*Stercoraire à longue queue, de Sibérie*）

长尾贼鸥，为鸥形目、大贼鸥属下的一种游禽，远洋鸟类，有两个亚种。中型海鸟，体长 50~58 厘米。翅窄长且尖，嘴较短。中央一对尾羽特别长而尖。嘴呈黑色，脚呈灰色。体羽有暗色和淡色两种：暗色型通体呈黑褐色，数量稀少；淡色型上体呈灰褐色，额、头顶和枕较暗，为黑褐色，飞羽亦为黑褐色。下体呈白色，无胸带。繁殖期主要栖息于北极附近苔原、海岸和海中岛屿等地，非繁殖期在上述地区以南的海上和近海地区活动，以小动物、植物浆果和废弃有机物为食。

卡宴小麻鳽（*Petit Butor, de Cayenne*）

麻鳽，鹭科。颈较短，身体稍胖。大多数麻鳽具保护色～斑驳的褐色和皮黄色条纹。嘴尖朝上，站立时模仿周围的芦苇和草，可避免被发觉。以尖利的喙捕捉鱼、蛙、蝌蚪和湿地、沼泽地的小动物为食。麻鳽属的种类主要分布于温带地区，体大，两性外形相似。

中国斑点杜鹃（*Coucou tacheté, de la Chine*）

杜鹃，又名子规、布谷鸟、杜宇、鶗鴂。身体呈黑灰色，尾巴有白色斑点，腹部有黑色横纹。初夏时常昼夜不停地叫。吃毛虫，是益鸟，素有“森林卫士”的美称。斑点杜鹃因其身上有大量横斑而得名。

圭亚那咬鹃（*Couroucou, de la Guyane*）

咬鹃，为小型攀禽。异趾形，一、二趾向后，三、四趾向前。羽色艳丽，具金属光泽。树栖性，善爬不善走、跳，飞行能力不强，不迁徙。以果实或昆虫为食。咬鹃是森林和林地最原始的鸟类。皮肤非常脆弱，而且羽毛也很容易被破坏，即使是用手轻轻地触碰也可能会导致羽毛脱落。主要分布在拉丁美洲、非洲和东南亚。圭亚那咬鹃，腹部为黄色，其余部分为灰褐色，翅膀和尾部有横斑。

西伯利亚瓣蹼鹬（*Phalarope, de Sibérie*）

西伯利亚瓣蹼鹬为红颈瓣蹼鹬。红颈瓣蹼鹬又称红领瓣足鹬，为瓣蹼鹬科、瓣蹼鹬属的鸟类，原产于加拿大，分布广泛。幼鸟头顶、后枕、后颈和上体呈暗褐色。翕部有橙皮黄色纵带；三级飞羽、大的覆羽和肩羽具橙皮黄色羽缘。前颈和上胸缀粉红皮黄色，上胸两侧暗褐色。其余下体呈白色。虹膜呈褐色。嘴细尖，呈黑色。脚短，趾具瓣蹼。冬羽头主要为白色。红颈瓣蹼鹬喜成群活动，善游泳，主要以水生昆虫、昆虫幼虫、甲壳类和软体动物等无脊椎动物为食。

巴西红额虎皮鹦鹉（*Perruche à front rouge, du Brésil*）

红额鹦鹉是典型的攀禽，鸟喙强劲有力，喙钩曲，上颌具有可活动关节，喙基部具有腊膜。肌肉质舌厚。脚短，强大，对趾型，两趾向前两趾向后，适合抓握和攀援生活。鸟体为绿色；胸部、腹部和尾巴内侧覆羽为黄绿色；前额、头顶、眼睛后方延伸的条状羽毛均为红色。羽毛艳丽，具粉绒羽。晚成雏。栖息于森林、棕榈树林、开阔的平原及林地、农耕区等。通常成对或是小群体活动，主食为水果、浆果、种子、坚果、花朵及植物嫩芽等。

灰胸虎皮鹦鹉（*Perruche à poitrine grise*）

虎皮鹦鹉头羽和背羽一般呈黄色且有黑色条纹，毛色和条纹犹如虎皮一般，所以被称为虎皮鹦鹉。虎皮鹦鹉属于鹦鹉科中的小型品种，其羽毛颜色光艳，性情活泼且叫声清脆、易于驯养，在中国是大众鸟友最喜欢的鸟种之一。灰胸虎皮鹦鹉因其胸部毛色为灰色而得名。羽色为绿色，带有虎皮纹。

鹤（*La Grue*）

鹤，为鹤形目、鹤科的一属，是大型迁徙性涉禽。头顶通常裸露，嘴强直，鼻孔呈裂状；初级飞羽 11 枚，次级飞羽比初级飞羽长；胫、跗蹠和趾均细长，后趾很小，且位置高于前 3 趾。全世界有 11 种，中国有 8 种。栖息于沼泽湿地、草原或宽阔的农田。营地面生活，从不停栖树上。飞行时头、颈和两腿前后伸直，并常排成整齐的队形。雏鸟为早成性。

马达加斯加雄野鸭（*Sarcelle mâle, de Madagascar*）

野鸭是水鸟的典型代表，雁形目、鸭科。野鸭能进行长途的迁徙飞行，最高的飞行速度能达到时速一百一十公里。马达加斯加雄野鸭头颈部以白色为主，黑色从头顶延续至背部，胸部及翅膀下方羽色为褐色。从两侧眼周开始直到颈侧分布着一条绿色的色带。

东印度斑点杜鹃（*Coucou tacheté, des indes orientales*）

杜鹃，又名子规、布谷鸟、杜宇、鶗鴂。身体呈黑灰色，尾巴有白色斑点，腹部有黑色横纹。初夏时常昼夜不停地叫。吃毛虫，是益鸟，素有“森林卫士”的美称。斑点杜鹃因其身上有大量横斑而得名。东印度斑杜鹃羽毛上带有大量的红褐色横斑。

牙买加长嘴布谷鸟（*Coucou à long bec, de la Jamaïque*）

牙买加长嘴布谷鸟，鹃形目、杜鹃科。嘴长而尖，分布在太平洋诸岛屿。颈部及下腹部为黄色，翅膀下方为红色。

菲律宾栗色秧鸡（*Râle brun des Philippines*）

秧鸡，为中小型涉禽。头小，喙细长，腿和趾都长。善于快速步行，偶尔也会进行短距离的飞行。常栖息于沼泽，在距水面不高的密草丛中筑巢，也常在田里的秧丛中和谷茬上活动，因此得名。性胆小，夜行性，以植物嫩芽、种子、昆虫、蚯蚓及小型水生动物为食。栗色秧鸡因其羽毛为栗色而得名。

菲律宾条纹秧鸡（*Râle rayé des Philippines*）

秧鸡，为中小型涉禽。头小，喙细长，腿和趾都长。善于快速步行，偶尔也会进行短距离的飞行。常栖息于沼泽，在距水面不高的密草丛中筑巢，也常在田里的秧丛中和谷茬上活动，因此得名。性胆小，夜行性，以植物嫩芽、种子、昆虫、蚯蚓及小型水生动物为食。

条纹秧鸡因其下体羽毛带条纹而得名，头部为红褐色，眼睛上方有白色带状羽毛，颈部为灰色。

卡宴斑点秧鸡（*Râle tacheté, de Cayenne*）

斑点秧鸡，尾短，因其羽毛带有斑点而得名。羽色为黑白色，翅端羽毛为红褐色。

野鸭（*Le Canard Sauvage*）

野鸭，雁形目、鸭科。体型相对较小，颈短，腿位于身体后方，因而步履蹒跚。胆小，警惕性高。野鸭种类很多。雄鸭叫声似“戛”、雌鸭叫声似“嘎”。食性广而杂，常以小鱼、小虾、甲壳类动物、昆虫，以及植物的种子、茎、茎叶、藻类和谷物等为食。中国约有十种，每个品种均以雄鸭羽毛区别较大，目前国内外人工饲养的野鸭品种主要为绿头鸭。

雌野鸭（*Femelle du Canard Sauvage*）

成年野鸭，雌、雄体异。雄野鸭尾羽中央有4枚雄性羽，为黑色并向上卷曲如钩状，颈下有一非常明显的白色圈环。这些是成年雄野鸭最典型的特征，而成年雌野鸭则无这些特征。

阿比西尼亚大犀鸟（*Grand Calao, d'Abyssinie*）

阿比西尼亚，埃塞俄比亚旧称。大犀鸟，即双角犀鸟，大型鸟类，体长119~128厘米，翼展146~160厘米，重量2150~4000克。雄性较大。后头和颈呈白色，其余上体呈黑色。尾呈白色，具宽阔的黑色次端斑。翅大覆羽具白色端斑。嘴和盔突均较大，基部为黑色，嘴端和盔突顶部为橙红色，嘴侧为橙黄色，下嘴为乳白色。主要栖息于海拔1500米以下的低山和山脚平原常绿阔叶林，尤其喜欢靠近湍急溪流的林中沟谷地带。食物以各种野果为主，也食蛇、蜥蜴、大型昆虫、鼠类和谷物。

1. 马达加斯加翠鸟（*Martin~pêcheur, de Madagascar*）

马岛翠鸟身长 16 厘米，雄鸟体重 16.5~21 克，雌鸟体重 18~22 克，雌、雄完全类似。嘴粗直，长而坚，嘴脊圆形；鼻沟不著；翼尖长，第 1 片初级飞羽稍短，第 3、4 片最长；尾短圆；体羽艳丽而具光辉，常有蓝或绿色。头大颈短，翼短圆，尾大都短小；嘴形长大而尖，嘴峰圆钝，脚甚短，趾细弱，第 4 趾与第 3 趾大部分并连，与第 2 趾仅基部并连。

2. 印度本地治里翠鸟（*Martin~pêcheur, de Pondichéry*）

翠鸟，中型水鸟。自额至枕呈蓝黑色，密杂以翠蓝横斑，背部为辉翠蓝色，腹部呈栗棕色；头顶有浅色横斑；嘴和脚均呈赤红色。从远处看很像啄木鸟。因背和面部的羽毛翠蓝发亮，因而通称翠鸟。食物以鱼类为主，兼吃甲壳类动物和多种水生昆虫。印度本地治里翠鸟，头部为赤红色，颈部为白色，背羽为蓝黑色；尾羽为红褐色，带有浅蓝色斑点。

2.
1.
Martinet

班乃岛大犀鸟（*Calao, de l'île Panay*）

大犀鸟，即双角犀鸟，大型鸟类，体长119~128厘米，翼展146~160厘米，重量2150~4000克。雄性较大。后头和颈呈白色，其余上体呈黑色。尾呈白色，具宽阔的黑色次端斑。翅大覆羽具白色端斑。嘴和盔突均较大，基部呈黑色，嘴端和盔突顶部呈橙红色，嘴侧呈橙黄色，下嘴乳白色。主要栖息于海一千五百米以下的低山和山脚平原常绿阔叶林，尤其喜欢靠近湍急溪流的林中沟谷地带。食物以各种野果为主，也食蛇、蜥蜴、大型昆虫、鼠类和谷物。

班乃岛大犀鸟雌鸟（*Femelle du Calao, de l'île Panay*）

雌鸟的羽色和雄鸟相似，只是盔突较小。眼睛上生有粗长的睫毛。虹膜呈深红色，嘴基呈黑色，上嘴端部及盔突顶部呈橙红色，嘴侧呈橙黄色，下嘴呈象牙白色或乳白色。跗蹠为灰绿色沾褐，爪近黑色。

卡宴鸭（*Le Canard, de Cayenne*）

鸭是雁形目、鸭科、鸭亚科水禽的统称，或称真鸭。鸭的体型相对较小，颈短，一些属的嘴要大些。腿位于身体后方，因而步态蹒跚。雄鸟每年换羽两次，雌鸟每窝产卵数亦较多，卵壳光滑；腿上覆盖着相搭的鳞片；叫声会显示出某种程度的性别差异。卡宴鸭体型较大，羽毛上有横纹，颈部羽毛为褐色，眼睛上方和下方白色羽毛呈带状，翅膀和尾部有红色花纹。

卡宴黄喉啄木鸟（*Pic à gorge jaune, de Cayenne*）

黄喉啄木鸟，鴷形目、啄木鸟科，因其喉部羽色为黄色而得名。主要分布在南美洲。卡宴黄喉啄木鸟，背羽为灰褐色，下体为黑色，具白斑。

1. 短尾鴗（*Todier de Juida*）

短尾鴗科，是佛法僧目下的一个科。短尾鴗仅 1 属 5 种，全部分布在加勒比海西印度群岛的不同岛屿上。短尾鴗体型很小，是佛法僧目体型最小的成员，背羽呈绿色，喉呈红色，嘴长直而尖。它们栖息于山地森林的低枝上，像鹟一样捕食飞虫。样子与翠鸟相似，喙长直而尖，翅短圆。以昆虫和蜥蜴为食。

2. 好望角绿头翠鸟（*Martin~pêcheur à tête verte du Cap de Bonne~Espérance*）

翠鸟，中型水鸟。嘴粗直，长而坚，嘴脊圆形。因背和面部的羽毛翠蓝发亮，因而通称翠鸟。体形矮小短胖。食物以鱼类为主，兼吃甲壳类和多种水生昆虫。性孤独，常独栖。翠鸟扎入水中后，还能保持极佳的视力，捕鱼本领很强。

好望角绿头翠鸟，因头部羽毛为绿色而得名。眼睛周围有一圈黑色羽毛，颈部及下体为白色，翅膀和背羽为绿色。

1.
2.

1. 卡宴小啄木鸟（*Petit Pic, de Cayenne*）

小啄木鸟，䴕形目、啄木鸟科，体型比啄木鸟小。分布在南美洲。卡宴小啄木鸟，体型小，头顶有红斑，腹部带条纹，背羽呈黑褐色，有白斑。

2. 好望角灰头啄木鸟（*Pic à tête grise, du Cap de Bonne~Espérance*）

灰头啄木鸟，为中小型鸟类，体长26~33厘米。嘴呈黑色，雄鸟额基呈灰色，头顶呈朱红色。雌鸟头顶呈黑色，眼先和颚纹呈黑色，后顶和枕呈灰色。背呈灰绿色至橄榄绿色，飞羽呈黑色，有白色横斑，下体呈暗橄榄绿色至灰绿色。鼻孔被粗的羽毛所掩盖。嘴峰稍弯。脚具4趾，外前趾较外后趾长。尾为翼长的三分之二稍短，强凸尾，最外侧尾羽较尾下覆羽为短。主要栖息于低山阔叶林和混交林。繁殖期为4~6月。主要分布在欧亚大陆。

1.
2.

卡罗来纳斑啄木鸟（*Pie varié, de la Caroline*）

斑啄木鸟，一种具有黑背、白肩、红色尾下覆羽和白色翼斑的杂色啄木鸟。两性差异是雄鸟的枕部为猩红色。喙强而尖直；脚趾 4 枚，两前两后，彼此对生，爪甚锐利；尾羽坚挺，富有弹性。斑啄木鸟的举止动作常常显得急燥不安，生性孤傲，愿意独来独往，即使与同类平时也避免任何接触，互不交往。夏季专门啄吃蠹虫、天牛幼虫、木蠹蛾和破坏树干木质部的昆虫。冬、春两季因捕虫困难，常以浆果、松实为食。

鹭（*Le Héron*）

鹭是鹳形目、鹭科鸟类的通称，为大、中型涉禽，翼大尾短，嘴直而尖，颈和腿很长。主要活动于湿地及林地附近。全世界共有 17 属 62 种，中国有 9 属 20 种。这是一群很古老的鸟类，拥有长嘴、长颈、长脚的外型，羽色有白色、褐色、灰蓝色等，有些鹭科鸟类羽色有冬羽、夏羽之分。繁殖期会在头、胸、背等部位出现丝状饰羽，繁殖期过后逐渐消失。飞行时长颈会缩成 S 形，长腿会伸出尾后，振翅缓慢，这些是野外鹭科鸟类的辨识特征。

绛红冠鹭（*Le Héron pourpré huppé*）

鹭，为大中型涉禽，翼大尾短，嘴直而尖，颈和腿很长。羽色有白色、褐色、灰蓝色等。主要活动于湿地及林地附近。冠鹭因头顶有冠而得名。羽色以灰褐色为主。颈部两侧、下腹部及腿部毛色为绛红色，故名绛红冠鹭。

麻鳽（*Le Butor*）

麻鳽，鹭科。体大，两性外形相似。颈较短，身体稍胖。大多数麻鳽具保护色～斑驳的褐色和皮黄色条纹。嘴尖朝上，站立时模仿周围的芦苇和草，可避免被发觉。它们以尖利的喙捕捉鱼、蛙、蝌蚪和湿地及沼泽地的小动物为食。麻鳽属的种类主要分布在温带地区。

卡宴虎鹭（*L'Honoré, de Cayenne*）

虎鹭，体长在 50~80 厘米，为中型涉禽。上体和翅膀布有棕褐色与黑色相间的横条纹。嘴长而尖直，翅大而长，胫部部分裸露，脚和趾均细长，脚 3 趾在前 1 趾在后，中趾的爪上具梳状栉缘。雌、雄同色。体形呈纺锤形，体羽疏松。它们栖息于海滨、湖泊、河流、沼泽、水稻田等水域附近，以水种生物为食。虎鹭属有三种鸟类：裸喉虎鹭、栗虎鹭和横纹虎鹭。卡宴虎鹭为裸喉虎鹭，体型比一般虎鹭要大。

圣多明各鹦鹉（*Perroquet, de Saint Dominique*）

圣多明各鹦鹉，两眼之间有红斑，眼周为白色；身体羽毛为绿色，背部颜色较深，尾部较淡，翅膀下方边缘为蓝色；爪为灰色。

1. 雅加达小虎皮鹦鹉（*Petite Perruche, de Batavia*）

虎皮鹦鹉头羽和背羽一般呈黄色且有黑色条纹，毛色和条纹犹如虎皮一般，所以被称为虎皮鹦鹉。虎皮鹦鹉属于鹦鹉科中的小型品种，其羽毛颜色光艳，性情活泼且叫声清脆，易于驯养，在中国是大众鸟友最喜欢的鸟种之一。雅加达小虎皮鹦鹉，羽色鲜艳，头部和颈部为绿色，背部有虎皮纹，翅膀末端有蓝色和黄色，尾部为灰色，带黑色横斑，十分漂亮，观赏价值很高。

2. 马达加斯加小虎皮鹦鹉（*Petite Perruche, de l'île Madagascar*）

马达加斯加小虎皮鹦鹉，毛色以绿色为主，头部和颈部为白色，背部有虎皮条纹。

1.
2.
Martinet

卡宴白伞鸟（*Cotiga blanc, de Cayenne*）

南美白伞鸟，为伞鸟属，大型伞鸟。体长 32 厘米，体重 213~216 克。雄鸟有大的碟形鸟冠，身披绯红色或鲜橙色的羽毛，尾羽及飞羽均为黑色，肩羽则为淡灰色，鸟喙带有淡黄色；雌鸟羽色主要为暗褐色，明显较雄性晦暗，鸟冠也小得多，鸟喙尖端有黄色点缀。虹膜色彩变化很大，不同性别及不同亚种均有不同的色彩，雄性包括红到橙黄到蓝白色，雌性则由白到淡红到褐色。它们栖息于常绿阔叶林中，以果实及昆虫为食。卡宴白伞鸟羽色为白色。

卡宴白伞鸟雌鸟（*Femelle du Cotiga blanc, de Cayenne*）

卡宴白伞鸟雌鸟羽色主要为暗褐色，明显较雄性晦暗，鸟冠也小得多，鸟喙尖端有黄色点缀。虹膜色彩变化很大，不同性别及不同亚种均有不同的色彩。卡宴白伞鸟雌鸟，身披绿色羽毛，颈部为白色；下腹部为奶黄色，有浅褐色斑纹。

走鸻（*Le Courvite*）

走鸻，鸻形目、燕鸻科 9 或 10 种旧大陆水滨鸟类。大多数种类生活在半荒漠地带，步行捕捉昆虫。翅短，但也能有力地飞行。最著名的种类是非洲的乳色走鸻，体呈淡褐色，下体呈白色，具鲜明的眼纹和黑色翅尖。印度走鸻体呈褐色，有鲜明面纹。铜翅走鸻是非洲撒哈拉以南几种走鸻中最大的一种，出没于林地，主要为夜行性，体长约三十厘米。

塞内加尔锤头鹳（*L'Ombrette, du Sénégal*）

锤头鹳，为鹳形目、锤头鹳科的涉禽，产于非洲，分布在撒哈拉以南，亦见于马达加斯加和阿拉伯半岛西南部。羽色暗淡，多为褐色。头大，后面有一个水平羽冠。喙粗大而侧扁，尖端呈钩状，黑色，与短脚的颜色类似。黄昏时特别活跃，停息于溪畔，或慢慢涉行，两脚交替着搅动泥浆。它们以软体动物、蛙、小鱼和水生昆虫为主食。栖息于沼泽、湿地或河岸、入海口、河漫滩。

马达加斯加骨顶鸡（*Foulque, de Madagascar*）

骨顶鸡，即白骨顶鸡，鹤形目、秧鸡科。嘴长度适中，高而侧扁。头具额甲，白色，端部钝圆。翅短圆，第 1 枚初级飞羽较第 2 枚为短。跗蹠短，短于中趾，不连爪，趾均具宽而分离的瓣蹼。体羽全黑或呈暗灰黑色，多数尾下覆羽白色，两性相似。栖息于有水生植物的大面积静水或近海的水域。杂食性，主要以植物为食。广布于欧亚大陆、非洲、印度尼西亚、澳大利亚和新西兰。马达加斯加骨顶鸡，头顶红冠，羽色暗淡，为黑色。

纽芬兰环颈鸭（*Canard à collier, de Terre~Neuve*）

环颈鸭，雁形目、鸭科。身长 35~38 厘米，体重 190~360 克。善潜水，活动于湖泊、水库、池塘中，有时也混入其他鸭群活动于浅水处。繁殖在北半球北部的广大地区，以鱼、虾、软体动物和水生昆虫为食，也采食水生植物。雄鸭拥有色彩丰富的板栗色双翼，下体侧面呈浅灰色，胸部呈鲑鱼色且有黑色斑点，有一道黑色宽带纹由头顶延至颈背。

纽芬兰环颈雌鸭（*Femelle du Canard à collier, de Terre~Neuve*）

雌鸭有橄榄褐色斑点双翼，头部和脸颊有白色条纹，胸部和腹部苍白有斑纹。雌、雄都有黑色的尾巴，臀部呈白色，飞翼上有独特的白色斑。鸭喙呈灰色，腿和脚呈粉红色，虹膜呈棕色。

好望角鸻（*Pluvier, du Cap de Bonne~Espérance*）

鸻为鸻科部分种类的通称。羽色平淡，多为沙灰色而缀有深浅不同的黄、褐等色斑纹。翼和尾部均短，喙细短而直。足细长，有前趾无后趾，适于涉水。常活动于水边、沼泽地或田野中，主食蠕虫、昆虫、螺类和甲壳类动物。鸻栖息在全球的大部分地区。在北方筑窝的鸻鸟迁徙的路程很远。它们成群地觅食和旅行。美洲东部的金鸻经常飞越大西洋和南美洲，飞到南方的巴塔哥尼亚，然后沿着密西西比河流域返回。美洲西部的金鸻可以飞到南太平洋的岛屿。